数字水印技术在无线传感器网络安全中的应用研究

石　熙　韦鹏程　杨华千　著

科　学　出　版　社
北　京

内 容 简 介

无线传感器网络中的传感器结点计算与存储能力均较弱，且传感器网络绝大部分能量消耗来源于无线通信，因此传统密码学的手段不能得到良好的应用。本书认为相对成熟的数字水印技术是一个可行的解决方案。

全书共分 6 章。第 1 章为绪论。第 2 章介绍密码学与信息隐藏、数字水印相关的基础理论，并对现有传感器网络中的水印方案进行综述。第 3 章提出验证个体的无线传感器网络水印认证方案。第 4 章提出可逆的无线传感器网络水印认证方案。第 5 章提出基于 Patchwork 算法的无线传感器网络稳健水印方案。第 6 章介绍数字水印技术的未来研究方向与展望。

本书适用于从事信息安全的科研工作者，尤其是受限环境中的轻量级安全措施的研究人员，也可供信息安全相关专业的学生参考。

图书在版编目(CIP)数据

数字水印技术在无线传感器网络安全中的应用研究/石熙，韦鹏程，杨华千著. —北京：科学出版社，2018.11

ISBN 978-7-03-058042-9

Ⅰ. ①数… Ⅱ. ①石… ②韦… ③杨… Ⅲ. ①无线电通信-传感器-密码术-研究 Ⅳ. ①TP212

中国版本图书馆 CIP 数据核字（2018）第 132910 号

责任编辑：吕燕新　李　海　王　惠 / 责任校对：王万红
责任印制：吕春珉 / 封面设计：东方人华平面设计部

科学出版社 出版
北京东黄城根北街 16 号
邮政编码：100717
http://www.sciencep.com

北京虎彩文化传播有限公司 印刷
科学出版社发行　各地新华书店经销

*

2018 年 11 月第 一 版　开本：B5（720×1000）
2018 年 11 月第一次印刷　印张：6 3/4
字数：136 000

定价：45.00 元

（如有印装质量问题，我社负责调换〈虎彩〉）

销售部电话 010-62136230　编辑部电话 010-62135397-2052

前　言

无线传感器网络（wireless sensor network，WSN）将大量微型传感器结点部署到监测区域，通过无线通信组成多跳自组织网络，实现对特定对象信息的感知、采集、处理和传输。随着无线传感器网络在诸多领域的广泛应用，其安全问题必然会引起重视。在网络传输涉及的多方面安全问题中，无线传感器网络也必然会面临相同的问题。但比起传统网络对数据保密的需求，无线传感器网络更重视感知数据的完整性和版权保护问题。

无线传感器资源高度受限，且传感器网络绝大部分能量消耗来源于无线通信，这使传统密码学的诸多复杂方法并不适用。在多媒体信息领域得到广泛研究与应用的数字水印技术通常计算相对简单，且不增加额外的传输信息，正是解决此类安全问题的较好的方法。数字水印技术根据方法的稳健性可分为脆弱水印和稳健水印，能以较低的开销实现认证与版权保护，满足传感器网络的安全需求。因此，本书的研究对于丰富信息安全理论与技术，尤其是受限环境下的数据认证与版权保护有一定的学术价值，在物联网广泛应用的时代具有较强的实用价值。

首先，本书简要介绍了无线传感器网络的基本概念，并指出当前无线传感器网络的安全研究主要集中在安全路由、安全的数据融合等问题上，而数据认证主要使用以消息认证码为代表的传统密码学方法，版权保护的研究更是甚少有文献涉及。其次，本书简要阐述了密码学、信息隐藏及数字水印的基础理论知识，比较了无线传感器网络中传输的数据流与多播数据流在网络结构与安全需求上的异同，并对现有的适用于无线传感器网络的基于数字水印技术的认证与版权保护方案进行了综述。

本书针对当前传感器网络中水印方案的不足，根据网络特点与安全需求，并结合数字图像水印技术，重点研究了无线传感器网络中基于脆弱水印的认证方案与基于稳健水印的版权保护方案，提出了克服分组方案缺点的验证个体的无线传感器网络水印认证方案、能够恢复原始数据的可逆水印认证方案和实现版权保护的1bit稳健水印方案，并通过理论分析与模拟实验验证了这些方案的性能。

本书的主要贡献如下：

1）在抽象的、统一的数据模型上研究无线传感器网络的认证与版权保护。传感器结点硬件千差万别，无线传感器网络也不似互联网运行相同的网络协议。首先，无线传感器在应用层实现数据的认证与版权保护，将传感器的每一次采样所得的数据作为最基本的数据粒度，而不考虑数据链路层处理数据的方式。因此本书提出的方案具有更广泛的适用性，尤其适合硬件差别较大的无线传感器网络，更能为物联网中广泛存在的各种受限制网络环境中的信息安全提供参考。其次，将网络中传输的数据抽象为从传感器结点到汇聚结点的数值型数据流，在不考虑数据融合的前提下，水印均在采集的传感器结点嵌入，在汇聚结点被验证。这为多样的无线传感器网络环境中的数字水印应用研究提供了便利。

2）提出了能够验证数据个体的无线传感器网络水印认证方案。现有的无线传感器网络的水印认证方案大多在数据组的层级处理数据，实际发生虚警的数据项较多，且数据组的稳健性较差。本书结合数字图像中定位篡改的水印算法，基于双向分散技术提出了验证数据项个体的水印方案，并进一步改进提出了不分组的水印认证方案，克服了分组带来的诸多缺点，实现了对数据流中的数据项个体的认证，降低了方案的实际虚警率。

3）提出了可逆的无线传感器网络水印认证方案。传统水印方案修改原始数据必然不符合一些敏感应用的需求。本书结合广泛研究的数字图像可逆水印，利用无线传感器网络数据流相邻数据之间的相关性，通过扩展当前数据与由前导数据得到的预测值之间的误差嵌入水印，使汇聚结点在提取水印之后还能恢复原始数据。

4）提出为无线传感器网络数据流实现版权保护的 1bit 稳健水印方案。本书结合经典的 Patchwork 算法，在数据流中均匀而伪随机地选择部分数据，并划分为两组，通过改变两组数据的差值来嵌入 1bit 水印。水印可由统计的方法检测，并且对于常见的如截取、注入、采样、修改等攻击方式均具备较高的稳健性，保证了在不破坏数据使用价值的前提下无法抹去水印信息。

5）建立了一套无线传感器网络水印方案的性能评价机制。本书通过分析与实验，建立了由漏检率、虚警率、稳健性、开销、服务质量共同构成的评价体系，并根据这些指标对提出的所有水印方案进行了分析与模拟实验。

尽管本书已经提出了能解决传感器网络安全问题的多种水印方案，但这些方案都还有值得改进的地方，数字水印在传感器网络安全中的应用有必要进行更广泛、更深入的研究。

本书由重庆第二师范学院石熙博士、韦鹏程博士和杨华千博士共同撰写，得到了重庆市交互式教育电子工程研究中心、儿童大数据重庆市工程实验室、重庆市计算机科学与技术特色专业、计算机科学与技术重点学科的支持，在此表示感谢。

由于作者水平有限，加之时间仓促，书中难免有不足之处，恳请广大读者批评指正。

作　者

2018年5月

目　录

第 1 章　绪　　论

1.1　无线传感器网络安全问题的研究意义

无线传感器网络是一种由部署在监测区域内的大量廉价的微型传感器结点，通过无线通信方式组成的特殊的多跳自组织网络系统[1-6]，其目的是感知、采集和处理网络覆盖区域内的特定感知对象的信息，并通过这些结点的协作将信息传输给观测者。

无线传感器网络在国防军事、环境监测、交通管理、医疗卫生等多个领域有着广阔的应用前景。尤其是近年来无线通信、集成电路、传感器及微机电系统等技术的飞速发展，使低成本、低功耗、多功能的微型无线传感器的大规模应用成为可能。而被喻为继计算机、互联网之后世界信息产业发展的第三次浪潮的物联网要实现“物物联网，全面互联”的蓝图，作为其支撑技术之一的无线传感器网络也必将得到大量的应用。

随着无线传感器网络的广泛应用，其安全问题越来越得到人们的重视。无线传感器网络涉及多个方面的安全问题，主要包括加密算法、密钥管理、安全路由、安全定位、安全数据融合和入侵检测等。这些安全问题有的源于传统计算机网络，有的是传感器网络面临的新问题。完整性认证就是一个不可忽视的源于传统计算机网络的安全需求，而传感器结点往往部署在复杂多变且不可信任的环境中，数据更容易被获取或者伪造，感知数据的完整性认证就变得尤为重要。与此同时，若传感器网络中传输的是具有商业价值的信息，为这些极易被窃取的信息提供版权保护也是一个重要的安全需求。

与传统计算机网络不同，传感器的自身特点决定了其数据认证和版权保护的复杂性。首先，传感器结点体积微小、能量有限，最大化生存周期将是传感器的首要任务。其次，传感器通信能力有限，而部署的环境往往复杂而多变，因此很难保证传输的可靠性。最后，传感器结点的计算处理能力较弱，存储容量较小，不适合进行安全所需的复杂的计算。

在传统密码学中，消息认证码（message authentication code，MAC）是常见的用于完整性认证的机制。然而对于传感器网络而言，这种认证机制不仅提高了系统的整体复杂性，还不可避免地增加了网络传输的数据量。同样能实现认证的还有数字签名，但绝大多数的数字签名机制采用了计算复杂度较高的公开算法，这对传感器结点的计算能力和能量消耗都是巨大的挑战。总之，这种高度受限的网络环境决定了传统密码学的认证机制不适用于无线传感器网络。

数字水印技术将一些标识信息直接嵌入数字载体中（包括文本或者多媒体数据），既可以用来对信息的来源或者完整性进行认证，又能够在发生纠纷时提供可作为版权的证据。通常数字水印的嵌入并不影响载体数据的正常使用，而且水印信息也不容易被探知、修改或者破坏，具备较高的安全性。数字水印作为一种被深入研究的成熟的信息隐藏技术，在多媒体信息的版权保护和完整性认证领域有着相当广泛的应用。

传感器结点的绝大部分能量消耗来源于无线通信，1bit 信息传输 100m 距离消耗的能量大约与执行 3 000 条计算指令相当[7]。数字水印技术只在载体上嵌入水印信息，并不增加任何数据传输量，因此不会有额外的传输开销；并且水印产生、嵌入及验证的计算开销也小于传统的加密/解密。因此，数字水印技术尤其适合资源高度受限的无线传感器网络中的数据认证与版权保护。

目前，大多数有关无线传感器网络安全问题的研究集中在安全的路由、定位或者数据融合这些独有的安全问题上，数据认证与版权保护等传统的信息安全问题研究得还不多。而当前传感器网络中采用的安全协议也大多使用基于传统密码学的认证方式，甚少采用基于数字水印技术的数据认证方式；现有的一些传感器网络水印认证方案通常稳健性不高且虚警率较高，而传感器网络中的数据版权保护的相关研究更是极少。因此，本书将数字水印技术应用于解决无线传感器网络的诸多安全问题，这对于丰富信息安全理论与技术，尤其是受限环境下的完整性认证与版权保护有着较为重要的学术价值。

无线传感器网络是物联网体系结构中重要的一环，使用数字水印技术有效地实现完整性认证与版权保护能够为物联网的广泛应用提供良好的支持。而物联网中还存在更多的资源受限的无线低速网络，基于数字水印的安全技术不仅为物联网提供了一定程度上的安全保障，还为其他无线低速网络的安全问题研究提供了有益的探索与参考。因此，本书的研究实用性与前瞻性兼具，具有较大的应用前景和较高的经济价值。

1.2　无线传感器网络的结构、特点及应用

1.2.1　无线传感器网络的结构

无线传感器网络通常由以下 3 种结点组成：传感器结点、汇聚结点和管理结

点[1]。传感器结点随机地部署在监测区域，就能形成自组织的网络进行数据的采集。感知数据由多跳中继的方式传到汇聚结点，再通过其他网络（如互联网或卫星）传输到管理结点。管理结点则位于用户端，是收集和使用传感器网络数据的终端。无线传感器网络的结构如图 1.1 所示。

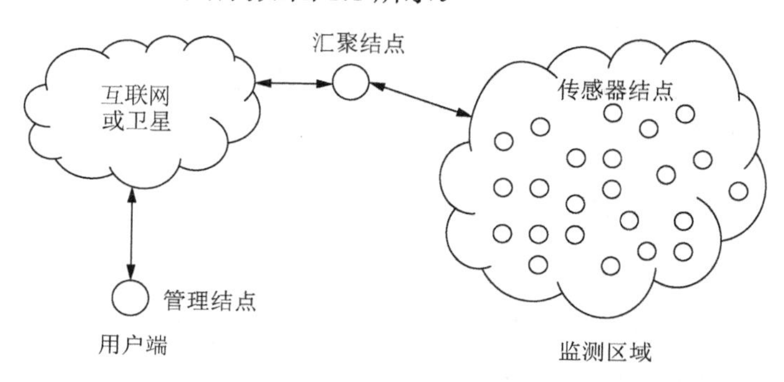

图 1.1　无线传感器网络的结构

传感器结点是传感器网络构成的主体，通常是一个微型的嵌入式系统。从硬件的角度看，尽管集成电路高度发展，但传感器结点的处理、存储和通信能力仍然无法与计算机相比。更重要的是，传感器结点通常通过自身携带的电池供电，因而能量十分有限。汇聚结点则通常拥有比传感器结点更强的处理、存储和通信能力，更重要的是其通常有着更为充足的能量供给。汇聚结点连接传感器网络与外部网络，从本质上是类似于网关的设备。

1.2.2　无线传感器网络的特点

首先，无线传感器网络是以数据为中心的网络，部署网络的核心目标是采集监测区域内的某个对象或者多个对象的数据。网络关心的也是数据本身，甚至包括数据采集的时间、地点；而通常并不关心数据来自哪一个传感器，或者数据传输的链路和路由。而传统计算机网络以地址为核心，一切资源或数据的使用都要依赖某个地址（通常为 IP 地址），这与任务型的无线传感器网络截然不同。

其次，无线传感器网络具备网内数据处理的能力。无线传感器网络由结点组成，而结点具备一定的计算与存储能力。数据在网络中传输时经过结点，结点就可能根据需求进行一定的处理。例如，数据压缩、数据融合等都是无线传感器网络重要的网内数据处理方式。

再次，无线传感器网络是动态的自组织大规模网络。为了采集信息，通常大规模部署传感器结点，且其具有较大的冗余。而网络随时可能由于外界的影响，或自身结点失效而引起拓扑结构变化，冗余则保证了网络能够在变化中生存。传感器结点通常被部署到没有基础结构的区域，因而需要自主配置网络，并对网络的变化进行自组织的调节。

最后，传感器结点资源高度受限。传感器结点只是一种简单的低成本硬件设备，其计算能力与存储能力都非常有限。传感器结点的通信能力也十分有限，因而传输距离较短。传感器结点通常靠携带的电池供电，因此控制能量的消耗将是首先需要考虑的问题。

1.2.3 无线传感器网络的应用

无线传感器网络以数据为中心，广泛地应用于军事、工业、医疗、环境监测等领域。随着研究的深入与技术的发展，其必将深入人类生活的方方面面，成为未来信息传输中不可缺少的重要途径[1-8]。

1. 军事应用

无线传感器网络原本就诞生于军事领域。因为无线传感器网络具有可快速部署、自组织、密集分布等特点，所以非常适合应用于恶劣的战场环境。无线传感器网络在对敌军兵力和装备的监控、对战场的实时监控、判断生化攻击或核攻击、追踪与定位目标等方面都能发挥巨大的作用。

2. 环境监测

随着现代社会遭遇的环境问题越来越严重，以及人们对环境问题的日益关注，无线传感器网络也被大量用于环境数据的检测、采集甚至分析和预报。传感器结点体积小、成本低，适合进行大量的部署，能够做到以较低的成本实现对环境的实时监控。

3. 医疗监控

无线传感器网络也非常适用于监控人体的各种生理指标与数据，在健康医疗方面有着巨大的应用前景。尤其随着社会老龄化的加剧，在患者身体上部署特殊的传感器结点，有助于解决一些长期慢性疾病的监护问题，能够更及时地应对突发状况，更好地保护患者的生命安全。

4. 智能家居

在家庭环境或家用电器上部署传感器结点，能够方便地获取家庭环境中的各种数据，使这些数据为人们的生活服务；而根据这些数据对各种家电进行远程遥控操作，则极大地便利了人们的生活；一些特殊结点的部署甚至可以实现安防保护，保障人们的生命财产安全。

以上简要列举的只是无线传感器网络应用中常见的一部分，事实上随着技术的发展和成本的下降，传感器网络将随着物联网的普及在人们的生活中发挥越来越大的作用。

1.3 无线传感器网络安全问题的研究现状

美国从20世纪90年代末起率先开始对无线传感器网络进行研究，美国《商业周刊》和《MIT技术评论》在预测未来技术发展的报告中，分别将无线传感器网络列为21世纪有影响的技术和改变世界的技术之一，更使无线传感器网络成为全球性的研究热点[1]。

我国有关无线传感器网络的研究几乎与发达国家同时起步，《中国未来20年技术预见研究》提出的157个技术课题中有7项直接涉及无线传感器网络。2006年初发布的《国家中长期科学和技术发展规划纲要（2006—2020年）》为信息技术确定了3个前沿方向，其中2个与无线传感器网络研究直接相关。

1.3.1 安全问题研究综述

就安全问题而言，与传统的计算机网络不同，无线传感器网络本身的特点决定了其安全研究的复杂性和独特性：传感器结点大规模地分布在未保护或敌对环境中，结点容易被捕获而泄露敏感信息；开销过大的安全机制不能适用于资源受限的传感器网络；无线多跳通信的特性使窃听、干扰等攻击更加容易；传感器结点的低成本也使结点被捕获后容易泄露密钥，从而导致整个网络的安全受到威胁。

文献[9-14]对于无线传感器网络的常见安全问题和研究现状做了综述。总地来说，目前无线传感器网络的安全研究主要呈现以下特点：

1. 结合网络层次结构研究安全问题

许多研究将网络分层，在不同的层次分析安全问题，而目前大部分研究集中在传输层及其以下的层次。Carman等[15]的技术报告分析了物理层的完全问题，并根据主动和被动的攻击方式分别提出了对策；数据链路层的主要威胁则是碰撞、能量耗尽和信任问题[16]；Karlof 和 Wagner[17]将网络层的攻击总结为欺骗、篡改和重放等。

无线传感器网络与具体应用高度相关，分层研究其安全问题可以大大简化问题的复杂性。但无线传感器网络结构复杂多样，这些安全措施大多不具备通用性和可移植性。

2. 研究无线传感器网络特有的安全问题

目前，无线传感器网络安全研究主要集中在密钥管理、安全路由、入侵检测、安全定位及安全的数据融合几个方面。Camtepe 和 Yener[18]综述了现有的密钥管理策略；安全路由的研究则主要包括链路层次加密、链路双向认证、基于地理位置路由寻址和全局消息平衡等[19]；安全定位和安全的数据融合更是传感器网络特有的安全问题。

3. 传统密码学方法的应用研究

密码学是提供安全的基本保证，然而很多密码算法被认为开销过大而不适合无线传感器网络资源有限的环境。Ganesan 等[20]评估了主流密码算法的计算开销，Law 等[21]则加入了存储和能量的考虑，Gaubatz 等[22]对公开密钥算法进行了研究和对比。总地来说，公开密钥算法需要消耗最多的资源，Hash 函数则相对较少，而对称算法则介于两者之间。

1.3.2　无线传感器网络中水印技术的应用研究

无线传感器网络处于开放环境，极易遭受外部入侵，需要通过身份认证机制来验证结点的合法性；而不安全的环境同样也对数据完整性的认证提出了要求。现有的研究方法有基于对称密钥算法和结点协同的认证算法，如基于单向密钥链的认证方案、广播流认证方法等。无一例外，它们都增加了系统的整体复杂性。

近年来，学界出现了一些基于数字水印的传感器网络认证方法的研究。以 Guo 等[23]提出的链式水印方案为代表的方法都对数据流进行分组，通过嵌入水印构建前后相连的 Hash 链来实现传感器网络的完整性认证。Zhang 等[24]则将每一个传感器结点看作图像的像素点，把一个时间段各个结点产生的数据看作一幅数字图像，以图像的方式进行水印的嵌入。比较特殊的是 Chen 等[25]提出的透明认证方案，该方案通过修改时间戳来实现透明水印的嵌入。这些水印方案各有特点，但都存在一些问题，将在第 2 章加以分析。

1.4 研究内容与结构安排

1.4.1 本书的研究内容

本书分析了无线传感器网络的环境与安全需求，结合多媒体信息中广泛使用的数字水印技术，研究了基于数字水印的无线传感器网络的认证与版权保护，并建立了对这些水印技术的评价机制。具体研究内容如下：

1）收集整理国内外传感器网络中数据认证与版权保护的研究成果及数字图像中的水印技术研究成果，探索传感器网络中的安全需求与图像水印技术的结合点，提出了大量基于图像水印技术核心思想的传感器网络数据认证与版权保护的方案，建立了图像中的水印与传感器网络数据流中的水印之间的桥梁。

2）提出适用于无线传感器网络的验证数据项个体的水印认证方案。现有的无线传感器网络的水印认证方案大多基于数据分组，用数据组的认证信息取代数据个体的认证信息来减少水印容量，通过分组中所有数据的分担来保持原始数据的透明度。本书提出的验证数据项个体的方案则打破了分组的限制，克服了分组带来的诸多缺点，实现了对个体数据的认证，降低了方案的虚警率。

3）提出基于可逆水印的无线传感器网络认证方案。现有的无线传感器网络的水印认证方案都对原始数据进行了不可逆的修改，这对某些敏感应用是不可接受的。本书利用相邻数据之间的相关性，提出了基于预测误差扩展的可逆水印方案，该方案在提取水印之后还能恢复原始数据。

4）提出基于 Patchwork 算法的无线传感器网络稳健水印方案。稳健水印可用于版权保护。本书提出的方案在传感器网络的数据流中均匀而伪随机地选择数据并将其划分为两组，通过两组数据差值的改变来嵌入水印。水印可由统计的方法检测，并且对于常见的攻击具备较高的稳健性。

5）建立一套无线传感器网络中水印方案的性能评价机制。将水印技术应用于无线传感器网络需要一套指标来对其进行性能评价。本书经过分析与实验，建立由漏检率、虚警率、稳健性、开销、服务质量共同构成的评价体系，并对提出的水印方案进行分析。

1.4.2 本书的结构安排

全书由 6 章组成。

第 1 章首先介绍无线传感器网络安全问题的研究意义，其次介绍无线传感器网络的结构、特点及应用，再次综述当前无线传感器网络安全问题的研究现状，最后简要介绍本书的研究内容与结构安排。

第 2 章首先介绍密码学与信息隐藏、数字水印的理论基础，其次对多播数据流的认证方法进行分类归纳，并比较多播数据流与无线传感器网络数据流，最后综述现有的无线传感器网络中的水印方案。

第 3 章提出验证个体的无线传感器网络水印认证方案。首先，分析现有基于分组水印方案的缺点，即虚警率高和分组的脆弱性；其次，介绍数字图像中定位像素篡改的双向分散的水印思想及方案；最后，提出克服分组方案缺陷的验证数据项个体的分组水印认证方案与不分组水印认证方案，并对两个方案的性能进行详尽的分析与模拟实验。

第 4 章提出可逆的无线传感器网络水印认证方案。首先，分析 MAC 方案与水印方案，指出 MAC 方案仍然具有不修改原始数据的优势；其次，介绍一种经典的基于预测误差扩展的图像可逆水印算法，并基于这种思路提出了无线传感器网络的可逆水印认证方案。该方案在实现认证的同时可以完全恢复嵌入水印的数据，并通过分析与模拟实验验证其性能。

第 5 章提出基于 Patchwork 算法的无线传感器网络稳健水印方案。首先，分析稳健水印与脆弱水印的区别，介绍稳健水印的常见攻击方式；其次，介绍经典的数字图像 Patchwork 算法；最后，提出嵌入 1bit 水印的无线传感器网络稳健水印方案，并对水印嵌入方法进行改进以提高其统计性能。最后分析与模拟实验都证明以该方案嵌入的水印具有较高的稳健性。

第 6 章对本书的研究进行总结与展望，重点阐述后续研究方向，并提出对未来研究方向的展望。

第 2 章　无线传感器网络中的数字水印技术

2.1　密码学与信息隐藏理论基础

随着计算机网络的广泛使用，密码学得到了广泛的应用并变得非常重要。密码学是研究通信安全保密的学科，通常由密码编码学与密码分析学两个分支组成，两者既相互独立又相互促进。现代密码学诞生于第二次世界大战以后。随着信息存储与传播的数字化，密码学对于信息安全起到了至关重要的作用。

2.1.1　加密与解密

当发送者希望安全地发送消息给接收者，即确保消息不被接收者以外的未授权第三者获取时，加密便是确保消息机密性的一种有效途径[26-28]。消息称为明文，记作 M；通过某种复杂的数学变换将其转换成另一种形式的过程称为加密，记作 E；而加密后的消息则称为密文，记作 C。这个变换的过程通常是可逆的，将密文变换为明文的过程即为解密，记作 D，而这个数学函数即为密码算法。

现代密码学认为保持密码算法的秘密只能实现有限的安全，而用相对较少的秘密信息来保持整个算法的安全才能实现密码学意义上的安全[26]。这个秘密信息称为密钥，通常记作 K。无论是明文的加密还是密文的解密都需要密钥，密码算法也根据密钥划分成两种基本类型。

1）对称算法。对称算法中加密密钥与解密密钥通常是相同的，或者可以简单地互相推导。发送者与接收者在进行安全通信之前，必须协商一个密钥，算法的安全性也依赖于这个密钥。对称算法的加密与解密过程如图 2.1 所示，而典型的对称算法则是 DES（data encryption standard，数据加密标准）算法[29]。

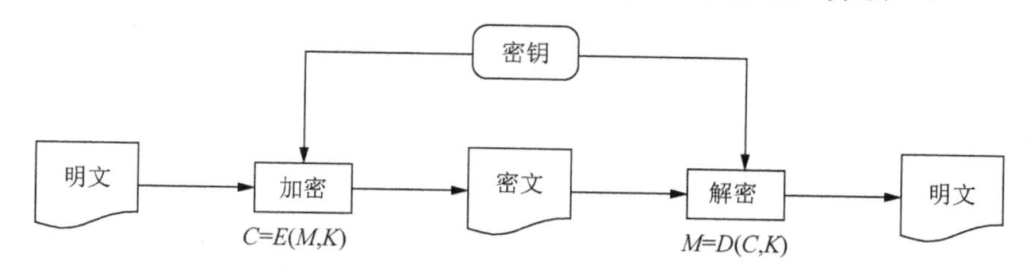

图 2.1　对称算法

2）公开算法。公开算法也称为非对称算法，其最大的特点是加密密钥与解密密钥不同，而且不能通过加密密钥计算出解密密钥。通常，加密密钥是公开的，因此称为公开密钥，这意味着任何人都可以使用公开密钥加密消息；而解密密钥则必须保密，因此称为私人密钥，只有其持有者能够对密文解密。通常用 K_p 代表公开密钥，用 K_r 代表私人密钥，公开算法如图 2.2 所示，典型的公开算法有 RSA（Rivest-Shamirh-Adleman）算法[30]。

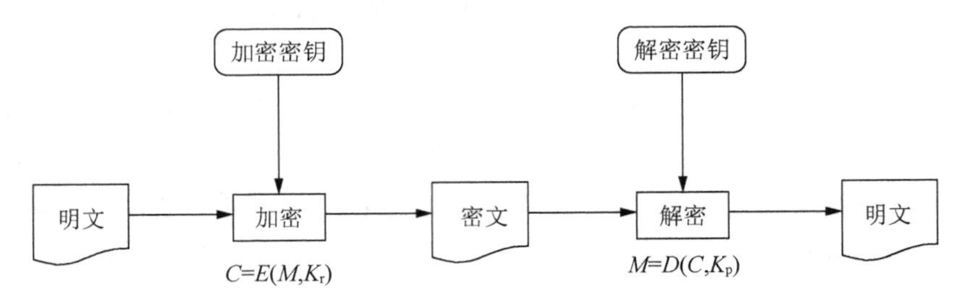

图 2.2　公开算法

2.1.2　完整性、鉴别与不可抵赖性

1．完整性

加密与解密机制提供了信息的机密性保障，但这并不是信息安全的全部。完整性指消息接收者能够验证消息在传输过程中是否遭到篡改[26-28]。简而言之，就是接收者可以检验消息是否改变。

事实上，加密可以实现对消息完整性的验证。若发送者将明文消息 M 与密文消息 C 一起发送给接收者，接收者便可以通过解密密文得到明文，记作 M'，并通过比较 M' 与 M 是否相等来验证 M 的完整性。显然，这是一种不现实的验证方法，首先加密和解密计算开销较大，而同时传输明文与密文意味着双倍于原始信息的通信开销。

单向散列函数（one-way hash function）可以用来实现完整性的验证[26-28,31]。单向散列函数又称为压缩函数、消息摘要函数、指纹函数等，它将任意长度的输入串转换成固定长度的输出串，称为散列值，或者消息摘要，记作 H。单向散列函数的计算过程为

$$H=\mathrm{Hash}(M) \tag{2.1}$$

单向散列函数具有以下特性[26-28,31]：

1）给定 M，容易计算出 H；反之，则计算上不可行。

2）给定 M，且 $H=\mathrm{Hash}(M)$，很难找到另一个 M'，使其满足 $H=\mathrm{Hash}(M')$。

通过单向散列函数容易实现完整性的验证：发送者对待发送的消息 M 进行

Hash 运算，得到 Hash 值 H，并将 H 与 M 一起发送给接收者。接收者收到的消息记作 M'，对其进行 Hash 操作，得到 Hash 值 H'，并对 H' 与 H 进行比较实现对消息的完整性验证。完整性的验证过程如图 2.3 所示。

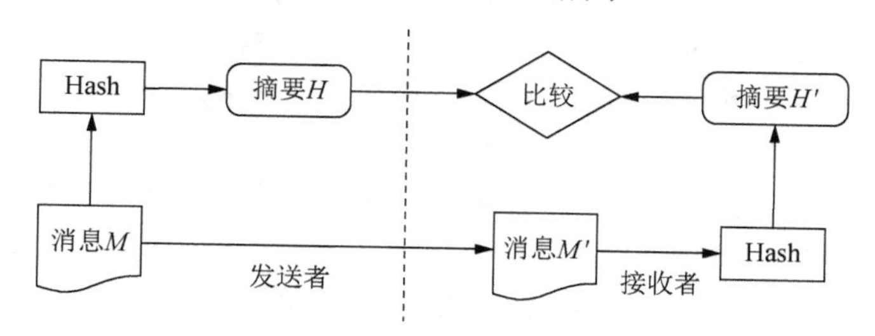

图 2.3　完整性的验证过程

2. 鉴别

鉴别使消息接收者可以确认消息是否来源于发送者。MAC 是最简单的同时实现源鉴别与完整性验证的方法[26-28]。消息鉴别码就是引入密钥的单向散列函数，其过程可以表达为

$$H=\text{Hash}(M,K) \tag{2.2}$$

最简单的方式即光将密钥与消息连接，再进行 Hash 运算。显然只要密钥 K 发生改变，得到的散列值也将发生改变。发送者与接收者首先应该通过某种渠道协商一个共同的密钥 K，然后发送者同时发送消息及消息鉴别码，而接收者通过密钥 K 计算出 H'，并与接收到的 H 对比，从而同时完成对源的鉴别与完整性的验证。鉴别的过程如图 2.4 所示。

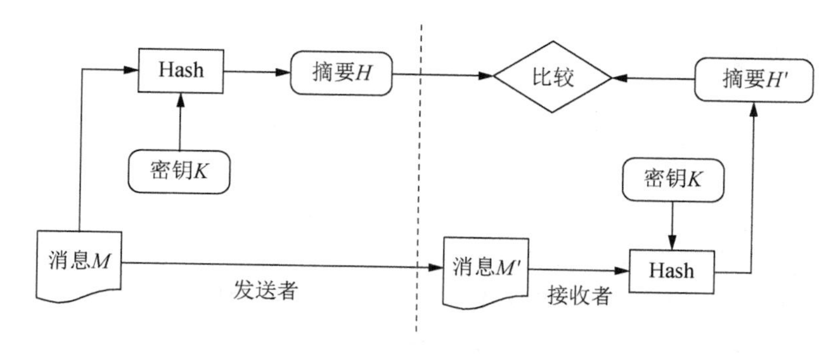

图 2.4　鉴别的过程

3. 不可抵赖性

不可抵赖性指发送者在发送消息后不能否认发送的消息[26-28]。MAC 算法可以

在发送者与接收者之间鉴别消息来源，但无法让第三方相信，因为双方都有足够的信息可以生成MAC。不可抵赖性需要通过数字签名[26-28]来实现，而数字签名在实现不可抵赖性证明的同时也实现了完整性和源的验证。

尽管对称算法也能用于数字签名，但更常见的做法是使用公开算法。首先，确保发送者持有用于签名的私人密钥 K_r，而公开密钥 K_p 已经通过某种渠道公开。然后，发送者对消息 M 进行 Hash 运算得到散列值 H，使用私人密钥 K_r 对其加密，从而得到签名信息，记作 S，并将 S 与 M 一起传递给接收者。接收者将使用同样的 Hash 函数对接到的消息 M' 进行计算，得到 H'，用公开密钥 K_p 解密签名信息 S 得到发送者计算的散列值 H，比较 H 与 H' 即可验证消息是否来自于发送者、传输过程中是否遭到篡改，并且因为只有发送者才持有自己的私人密钥，所以不能否认发送过这个消息。数字签名的完整过程如图 2.5 所示。显然，任何人只要获取公开密钥都能实现对消息的鉴别。

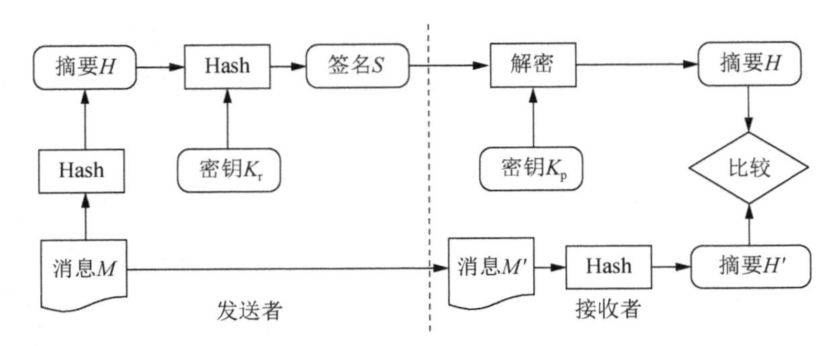

图 2.5　数字签名的完整过程

2.1.3　信息隐藏

信息隐藏技术是指将某个有意义的信息或者秘密信息通过特定的方法隐藏于另一个公开的载体中，并使秘密信息随着载体公开传输的一种技术[26,32-34]。信息隐藏的目的是隐藏秘密信息的存在性，使攻击者不易察觉。

信息隐藏与加密不同，加密是将信息转换成密文（通常为无意义的乱码）进行传输，隐藏是加密信息的表现形式。攻击者很容易获取密文，并对其进行破译，或者直接破坏密文信息再传输，使其失去使用价值。而信息隐藏使载体中隐藏的秘密信息不易被攻击者检测，从而保证了秘密信息的安全。为了安全，还可以将加密与信息隐藏结合，将密文信息隐藏于载体中公开传输。

信息隐藏可以通过多种载体实现，而多媒体信息是最常见的信息载体，这是因为多媒体信息存在很大的冗余性[35]，因此嵌入一定量的秘密信息并不会过多地影响多媒体信息的使用。此外，人类视觉与听觉系统存在一定的掩蔽效应，对很多细节并不敏感，这使多媒体载体信息上隐藏的秘密信息不易被察觉。

信息隐藏技术具有悠久的历史，最早可以追溯到古希腊时期的隐写术。历史学之父希罗多德的巨著《历史》中就记录了为了安全地传送军事情报，奴隶主剃光奴隶的头发，将情报纹在奴隶的头皮上，待头发长起后再派出去传送消息的事。而我国古代也早有以藏头诗等形式将要表达的意思或“暗语”隐藏在诗文或画卷中的特定位置传输信息的例子。

根据信息隐藏的应用、特点及要求，信息隐藏技术的分类[32]如图 2.6 所示。

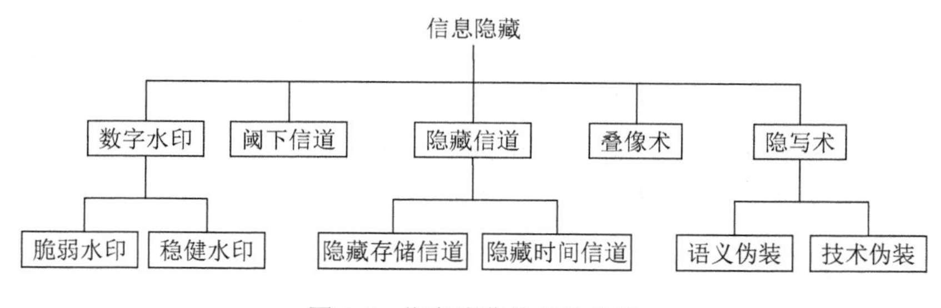

图 2.6　信息隐藏技术的分类

2.2　数字水印理论基础

2.2.1　数字水印的基本概念

数字水印技术是指通过某种特定的算法将有意义的信息直接嵌入载体数据中，并能通过相应的算法进行检测或者提取的一种技术手段[36-38]。数字水印技术起源于古老的传统水印技术。所谓“传统”水印，即印刷在传统载体上的水印，如纸币上的水印，需要通过特殊的方式（如光照）才能看到隐藏的水印图像。数字水印技术是信息隐藏领域的一个重要分支，它和密码学技术结合，为数字信息提供了多方面的安全保护，是信息安全的重要保障。

数字水印系统通常包括水印嵌入与水印检测两个部分。①水印嵌入算法，记作 Em，其至少有两个输入，即水印信息（记作 w）和载体信息（记作 x），输出则为嵌入水印之后的载体，记作 x'。通常水印信息 w 是由原始信息（记作 m）通过水印生成算法（记作 Gr）计算产生的。②水印检测算法，记作 De，其输入则是通过不安全的网络传输的含有水印的载体信息 x''，其输出则是检测的结果，即 x'' 是否含有水印信息 w。如果有需要，可以使用提取算法 Ex 得到水印信息 w。数字水印的处理流程如图 2.7 所示。

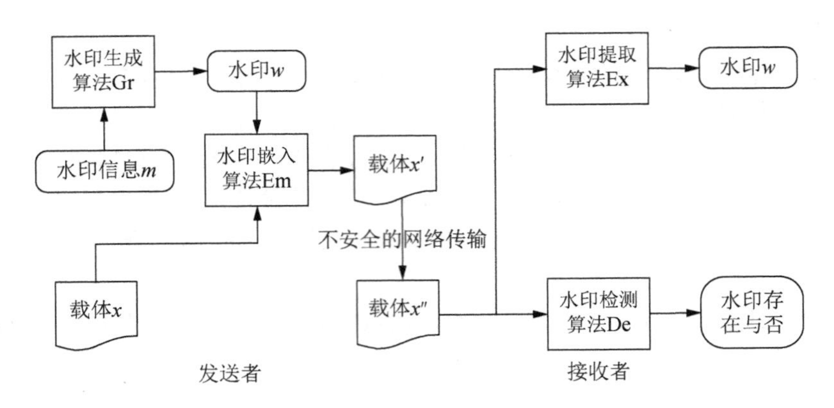

图 2.7　数字水印的处理流程

数字水印的整个处理过程可以概括为以下几个环节：①水印生成，即 $w=\mathrm{Gr}(m)$；②水印嵌入，即 $x'=\mathrm{Em}(x,w)$；③水印检测，即判断 $\mathrm{De}(x'')$ 为 1 或 0；④水印提取，即 $w=\mathrm{Ex}(x'')$。

2.2.2　数字水印的分类

数字水印从诞生起就是为了解决多重问题。经过多年的发展，按照不同的分类方式，数字水印有许多不同的种类[32-34]。按照载体的类别进行分类，数字水印可以划分为音频数字水印、图像数字水印、视频数字水印、文本数字水印等。按照可见性进行分类，数字水印可以划分为可见水印和不可见水印。可见水印可以或者必须被人感知，如未授权的图片上有不可擦除的版权信息文字或图像；不可见水印则隐藏在载体中，希望不被人类视觉或听觉系统直接察觉，而只能被特定方法检测与提取。按照检测是否需要原始载体信息进行分类，数字水印可划分为盲水印与非盲水印。非盲水印在检测和提取水印信息时需要原始载体信息的参与，即水印的检测表示为

$$\mathrm{De}(x,x'',K) \tag{2.3}$$

而水印的提取则表示为

$$w=\mathrm{Ex}(x,x'',K) \tag{2.4}$$

显然，同时传输原始载体信息 x 与嵌入水印的载体信息 x'在很多应用中是不现实的，因此盲检测可以作为数字水印研究的一个基本要求。

根据抗攻击的稳健性，数字水印可划分为脆弱水印和稳健水印两类[32-34]，而这两类水印也决定了水印的两种基本用途。脆弱水印不能抵抗攻击或者常规的信号处理，对篡改极为敏感，因此可以用来验证数据的完整性。

典型的脆弱水印系统如下：发送者将原始信息 m 分成两部分，分别记作 m_1、m_2，m_1 用于生成水印，m_2 用于嵌入水印。根据密钥 K 生成水印 w：

$$w = \mathrm{Gr}(m_1, K) \tag{2.5}$$

脆弱水印系统中的信息一旦发生改变，水印也会发生改变，因此单向散列函数很适合用作水印生成算法。

将 w 嵌入 m_2 中得到 m_2'：

$$m_2' = \mathrm{Em}(m_2, w) \tag{2.6}$$

组合 m_1 与 m_2' 为 m'，传输信息。因此，m 既是产生水印的原始信息，又是嵌入水印的载体信息。接收者获取的 m'' 为 m_1'' 与 m_2'' 的组合，首先通过 m_1'' 得到计算水印，记作 w_c，

$$w_c = \mathrm{Gr}(m_1'', K) \tag{2.7}$$

再通过 m_2'' 提取水印，记作 w_e，

$$w_e = \mathrm{Ex}(m_2'', K) \tag{2.8}$$

若 $w_c = w_e$，则认为 $w_c = w_e = w$，原始信息 m 没有在传输过程中被篡改。而无论是原始信息的哪一部分被篡改，w_c 与 w_e 都几乎不可能相等，这便实现了对原始信息完整性的验证。

稳健水印具有较强的稳健性，能够抵抗一定程度的信号处理或攻击，因而常用于数字信息的版权保护。在有价值的载体信息中将版权信息作为水印嵌入，在不破坏载体使用价值的前提下嵌入的水印无法移除，这就是稳健水印的作用。

显然，尽管接收者收到的载体信息 x'' 遭受了一定程度的攻击，但通过

$$\mathrm{De}(x'') = 1 \text{ 或 } 0 \tag{2.9}$$

仍能检测到水印是否存在，甚至可以提取水印信息。

2.3　无线传感器网络中的水印

2.3.1　数据流的认证

在无线传感器网络中，传感器结点不断以某种频率采集数据，被采集的数据并不存储于传感器结点中，而是需要通过其他结点以某种路径进行传播，并最终抵达汇聚结点。如果传感器结点持续进行数据采集，就会在无线传感器网络中形成一条源源不断的、以传感器结点为起点、以汇聚结点为终点的数据流。无线传感器网络中数据的许多安全需求（如数据的完整性、数据源认证或者数据的版权保护）可以视为在无线传感器网络中传输的数据流的安全需求。

显然数据流不仅在无线传感器网络中传输，视频会议、软件更新、证券市场、交通实时监控都是典型的数据流的应用。此类应用有一个共同之处，即数据流是通过广播或者多播的方式进行传输的。

多播网络的数据流的认证问题得到了较为广泛的研究，Challal 等[39]对此进行了综述，并将此类方案进行分类。如果不考虑数据流的不可抵赖性，认证方案可以分为 3 类，分别是秘密信息不对称方案、时间不对称方案及综合方案。

1）秘密信息不对称方案，简而言之，就是发送者和接收者持有的密钥是不对称的。通常，发送者持有整个密钥集，而接收者只知道与自身关联的密钥或者密钥集中的一部分。Desmedt 等[40]提出了此类方案的典型代表，也是多播网络中数据流认证的先驱：发送者构建了一个 k 次多项式，并通过多项式生成消息的认证信息，接收者只需要得到部分多项式的值便足以完成对消息的验证，但若接收者想重构多项式，则至少需要用 k 个多项式的值进行插值。

2）时间不对称方案则将密钥的使用限定在某个时间周期内，即使攻击者最终获得密钥，一旦过期，密钥也无法使用。Lamport[41]与 Haller[42]的方案都用单向密钥链来更新密钥。单向密钥链通常利用单向散列函数来计算密钥。需要注意的是，发送者从最后使用的密钥 K_n 开始计算，进行 n 次 Hash 运算，完成密钥链并得到初始密钥 K_0 。密钥的使用则与密钥生成的顺序相反。

通常在此类方案中，密钥会晚于信息到达接收者，以确保密钥不被冒用，因此消息的认证往往会有一些延迟。这样的密钥使用方式保证了通过当前密钥或者前期密钥无法计算出后续密钥，这是由 Hash 函数的单向性决定的；同时，即使某个密钥丢失，接收者仍然能从后继密钥中计算出丢失的密钥，从而完成验证。Perrig 等[43]提出的著名的多播认证方案定时高效容忍丢包的流认证（timed efficient stream loss-tolerant authentication，TESLA）协议也是此类方案的典型代表。

3）综合方案则将密钥信息不对称与时间不对称进行结合，既实现了接收者的立刻验证，又杜绝了接收者合谋。Perrig[44]提出的方案 BiBa 即为此类方案。

如果考虑数据流的不可抵赖性，则数字签名是唯一的解决途径。很多文献对此进行了大量的研究，具体可以归纳为以下两类：签名传递和签名分散。Gennaro 和 Rohatgi[45,46]提出的最简单的签名传递方案，即让每个数据包都携带其后继数据包的验证信息，通过 Hash 函数进行连接，形成 Hash 链，并只对第一个数据包进行签名。这种签名方式简单地实现了认证与不可抵赖，但数据流的本质（流动性）丧失了，无论是发送者还是接收者都必须获取所有数据才能进行验证操作。经过改进，方案对每一个数据包进行签名，但由于 Hash 链的存在，丢包将破坏相邻数据包的验证。

为了抵抗网络中常见的丢包现象，有些方案开始增加一些冗余，即将数据包的认证信息存入多个包中，使Hash链变成某种拓扑关系的网，使其能够应对某种程度的丢包。Perrig等[47]将数据包的认证信息随机地附加到多个后继数据包上，意味着数据包通过Hash函数随机地链接到多个数据包上。显然，如果发生丢包，只要该数据包的一条Hash链存在，认证仍然可以完成。Miner和Staddon[48]则假设发送者在发送数据流前缓存了完整的数据，因而对于数据包P_i，将其以某种概率连接到之前的某个数据包$P_j(j<i)$上。无论Hash链的建立是随机的，还是确定的，或者是基于概率的，抗丢包的签名传递方案都通过增加冗余得以实现，而且冗余越多，方案对丢包的稳健性就越强，但开销也就越大。

签名分散方案的思想，即将n个数据包划为一组，对各个数据包分别计算Hash值，再连接所有数据包的Hash值进行签名，签名只对整个分组进行。Wong和Lam[49,50]建立了一种二叉树的签名分散方式。所有的数据包都是二叉树的叶子，每个中间结点都是其两个子结点连接的Hash值，只对根结点进行签名。每一个包附加的认证信息包括根结点签名、包在树中的位置，以及从数据包到根结点整个路径上结点的兄弟结点。这样，每个数据包都能通过自身携带的认证信息实现不可抵赖的认证。这种方案的实质就是每个数据包都携带了完整的认证链信息，通过增加的冗余摆脱了对其他数据包的依赖。

2.3.2　无线传感器网络与多播网络

1. 无线传感器网络与多播网络的区别

多播网络中的数据流得到了较为广泛的研究，并提出了多种类型的认证方式；但这样的方法并不能直接应用到无线传感器网络中实现数据流的认证。两种网络中的数据流在很大程度上有着相似之处，但又存在本质的区别。

1）在网络结构上两者有着显著的区别。多播是指把信息同时传递给一组目的地址的网络传输方式。多播使用了一种高效的传输策略，消息在每条网络链路上只需传递一次，而且只有在链路分叉的时候，消息才会被复制。多播作为一点对多点的通信，是节省网络带宽的有效方法之一。从网络拓扑上看，信息在无线传感器网络中的传输方式与多播完全相反，无线传感器网络由大量的传感器结点组成，多个传感器结点持续地采集数据，并通过其他结点进行传输，最终抵达汇聚结点。无线传感器网络是一种多点对一点的通信，本质上是一种收集数据的网络，而且数据的主要流动方向是固定的。多播网络很少有多个接收者反馈信息，而无线传感器网络中汇聚结点发送指令到各个传感器结点也不常发生。

2）两种网络传输的参与者也完全不同。多播网络通常是基于传输控制协议/互联网协议（transmission control protocol/internet protocol，TCP/IP）的，参与传输的都是普通的计算机；而无线传感器网络中的传感器结点与普通计算机相比，无论在计算能力、存储空间还是电源供给方面都十分有限，这也使复杂的运算变得难以实现。此外，多播网络中发送者往往是服务器，其性能强于接收者；而无线传感器网络中消息发送者为传感器结点，其性能弱于接收者（汇聚结点）。

2. 多播网络认证的需求

（1）多播网络中数据流的认证需求

Challal 等[39]总结了多播网络中数据流的认证需求，主要包括 4 个方面：安全、服务质量、发送者及接收者。在最重要的安全方面，需要实现源认证、无碰撞及不可抵赖。

1）源认证，即数据流接收者应该能够验证数据的来源，根据 2.1.2 小节的介绍，源认证同时包含了数据完整性的验证。

2）无碰撞，即任何接收者不能伪造发送者所发送的认证信息，也不能通过多个接收者共谋实现伪造。

3）不可抵赖，即发送者不能否认发送过的消息。

（2）多播网络中服务质量的要求

服务质量的需求包括实时传输、容忍丢包及较低的带宽开销。

1）实时传输：很多多播网络的服务需要实时传输，因此认证方案应该尽可能少地在发送者和接收者两端引入延时。

2）容忍丢包：包传输有时依赖不可靠信道，因此认证机制需要对丢包有一定的稳健性。

3）较低的带宽开销：认证方案尽可能少地引入额外的通信开销。

对发送者和接收者的要求则是计算和存储的开销小。相比两者的性能，通常情况下对接收者的性能要求更为严格。也就是说，验证消息的开销应该不超过产生认证信息的开销。

3. 无线传感器网络的需求

对比多播网络的数据流，无线传感器网络中数据流的认证需求与其既有相似之处又存在不同，可以从以下方面进行分析。

1）安全性仍然是数据流认证最核心的需求。相比多播网络数据流的认证，无线传感器网络中的传感器结点通常在网络部署之前就已经和汇聚结点共享了密钥，每个传感器结点可以使用不同的密钥，因此，每个传感器结点不可能伪造其他结点所产生的认证信息。而且所有结点（包括汇聚结点）都由网络所有者统一部署管理，并不存在恶意的结点，结点也没有伪造信息的动机。如果存在由攻击者部署的传感器结点，想要产生伪造的验证信息则必须冒充某个结点，这就必须知晓其所有信息包括其持有的密钥，这对于无线传感器网络而言是难以实现的，因此不考虑认证信息的碰撞。同理，不可抵赖对于一个全部结点统一管理的无线传感器网络也并不是一个问题，而且实现不可抵赖的认证需要使用基于公开密钥算法的数字签名技术，并不适用于性能有限的传感器结点。显然，无线传感器网络中数据流的认证最根本的安全问题就是汇聚结点需要验证数据的完整性。

2）在服务质量方面，多播网络的3个需求适用于无线传感器网络。无线传感器网络需要考虑数据流的实时性。传感器网络通常需要采集特定环境的某些数据，而这些数据是与时间密切相关的。而传感器结点存储能力有限，延迟传输就意味着需要缓存数据，因此需要认证方案具有较高的实时性，在生成认证信息的环节要尽可能少地产生延迟。丢包在无线网络环境下频繁发生，因此，认证方案必须对丢包具有一定的稳健性，也就是说要求丢包不会使数据流的认证无法进行。带宽开销对于无线传感器网络而言至关重要，传感器结点传输数据的能量消耗比计算或者存储大得多。因此，在这一点上，传感器网络比多播网络要求更为严格，应尽可能避免产生额外的通信开销。

3）无线传感器网络对发送者和接收者的要求非常相似，即尽可能少的计算量和存储开销，而且对于能量受限的传感器结点而言，这个要求会更加严格。与多播网络不同的是，消息发送者（即传感器结点）比接收者（即汇聚结点）在各种资源上往往更加受限，因此产生认证信息的开销应该尽可能小。

总体来说，无线传感器网络中数据流的水印认证的需求有以下几点：

1）从功能的角度，汇聚结点能够在丢包的网络环境中验证数据的完整性。

2）从能量消耗的角度，网络中所有传感器结点的开销都应该较小，包括计算、存储和传输数据。

3）从服务质量的角度，水印认证应该尽量平滑，即对实时性影响要小，水印应该尽可能透明。

4. 传感器网络的稳健水印需求

版权保护的稳健水印在多播网络中使用时与在其他计算机网络中没有太大的区别。多播本质上就是在普通IP网络上使用的一种一对多的传输技术，在服务器端，发送者具备强大的计算能力，且往往已经获得了全部数据，因此仅需要按照普通方式添加稳健水印，再将加入水印的数据以数据流的形式发送到各个接收者。而接收者甚至不需要验证稳健水印，因为用作版权保护的稳健水印往往只在需要的时候才提取水印作为版权证明。

对于无线传感器网络，使用稳健水印来保护版权有一定的难度。首先，传感器结点并不能事先获取所有的数据，嵌入水印面对的是实时的数据流；其次，传感器结点资源高度受限，这就要求水印方案的各种开销都应尽可能小。当然无线传感器网络中稳健水印的检测和提取与其他网络环境类似，接收数据流的汇聚结点并不需要实时验证水印，只有当包含版权信息的数据流被盗用时才需要检测并提取水印。

无线传感器网络中数据流的稳健水印需求有以下几点：

1）从功能的角度，传感器结点应该能够嵌入稳健性足够大的水印信息。

2）从能量消耗的角度，传感器结点计算、存储和传输数据都应该较小。

3）从服务质量的角度，水印的嵌入应该尽量平滑，即对实时性影响要小，水印应该尽可能透明。

2.3.3　现有的无线传感器网络水印方案

当前，无线传感器网络中使用了一些相对成熟的安全协议。SPINS（security privacy in sensor network）[51]是较早的无线传感器网络安全协议框架之一，它由SNEP（secure network encryption protocol，网络安全加密协议）和μTESLA（micro timed efficient streaming loss-tolerant authentication）协议组成。其中，SNEP用于实现数据保密性、数据完整性与认证及新鲜性，μTESLA协议用于实现点到多点的认证。其中，SNEP的认证仍然通过传统的附加MAC的方式实现，而μTESLA协议则是TESLA协议的一个改进。Karlof等[52]提出了一个实施在无线传感器网络数据链路层的安全协议TinySee，该协议提供了数据保密性与认证。在认证部分，TinySec通过一个4字节的MAC来验证数据的来源及完整性，同理，这种直接附加MAC的方式来自于传统的密码学技术，并未考虑无线传感器网络的特殊环境，这会带来额外的通信开销。Zhu等[53]提出了一种结合加密和认证协议，即LEAP（localized encryption and authentication protocol，本地加密与认证协议），该方案使用传统的单向密钥链来实现认证，并着重解决密钥管理的问题。

Feng和Potkonjak[54]首次将数字水印技术应用于无线传感器网络。其核心思想是传感器的各种实际参数都存在计算值和测量值的误差，这里的参数可以是传感器的位置、方向或者连续两次数据采集的时间间隔。以结点定位为例，利用某种形式的测量值和计算值的误差计算方程，在以非线性的方法求解最优化问题时，将秘密信息作为水印嵌入目标方程中，接收者根据约定的方法提取水印信息。此方案关注的重点是数字水印的嵌入方法。

Guo等[23]提出了一种使用脆弱水印在应用层实现数据流完整性验证的链式水

印方案。首先，数据流根据同步点数据划分成组。同步点由数据的 Hash 值确定，因此其可被视为随机产生，而数据分组的长度并不固定。对于数据流的两端而言，同步点是确定的，因此接收者可以根据同步点同步数据流的分组。通过 Hash 函数，将当前分组与相邻的后继分组连接，并将 Hash 值作为水印嵌入当前分组中。嵌入采用最简单的最低有效位替代的方式，即水印的每比特分别替代分组中每个数据的最低有效位。接收者只要缓存相邻的两个分组就能获得当前分组的计算水印与前导分组的提取水印，只需比较某个分组的计算水印与提取水印，就能验证分组的完整性。尽管该方案在发送者和接收者处均需要缓存两个数据分组，但它计算相对简单，仅使用 Hash 函数，而且不增加任何额外的通信开销，适用于无线传感器网络中数据流的认证。

Kamel 和 Guma[55]对链式水印方案的 Hash 链进行了简化，直接将两组数据连接进行 Hash 运算，不再对每个数据项作 Hash 运算，这使计算开销得到一定程度的减少。Kamel 和 Guma[56]还提出了一种为无线传感器网络设计的前向连接的脆弱水印方案，该方案可以以较小的开销实现完整性认证。首先，数据流被划分成固定大小的分组，方案使用一个附加的分组标志信息来确保发送者和接收者的分组同步。同时，方案还为每个分组添加了一个序列号信息，用于判断数据丢失或注入。方案仍然通过 Hash 函数生成水印，但连接的方式更为简单，即根据当前分组计算出 Hash 值作为水印，嵌入前导分组中，形成前向连接，而水印的嵌入方式与 Guo 的链式水印方案[23]相似，只是在实现的细节上做了变化，以获取更好的性能表现。

Chen 等[25]为了避免嵌入认证信息影响原始数据的使用价值，同时又不希望单独传输认证信息增加额外的通信开销，提出了一种通过调节数据包之间的时间延迟来嵌入认证信息的认证方案 DaTA（data transparent authentication，数据透明认证）。该方案通过引入一个较大的时间延迟对数据流进行分组，分组长度固定。再通过两个相邻组的 Hash 值的异或运算将两组连接，产生认证信息。水印的嵌入依据两个随机选择的数据项之间的时间差的某种统计规律进行，认证信息的每一比特的嵌入均需修改这个统计值，而最终通过修改这些数据项的时间戳来实现。尽管 DaTA 方案看起来很新颖，但其本质上也是一种固定长度分组的水印认证方式，只不过水印的嵌入不是通过最低有效位的替代，而是通过时间戳的修改来实现的。

曹远福等[57]提出了一种基于关联数字水印的数据完整性验证方案。所谓关联，事实上就是用 Hash 函数将一组数据生成 Hash 值，并将其作为水印嵌入其后继分组。该方案的特殊之处在于水印的嵌入方法，数值型数据被转换成字符串，水印则根据每比特在每个数据字符串后方添加空格。显然，这种方式将增加网络的通信开销，这对于无线传感器网络而言是巨大的考验。

在稳健水印的应用方面，Zhang 等[24]将整个网络的所有传感器结点在某个时刻采集的数据看作一幅图像，每一个传感器结点就好比一个像素点，而采样值就是像素点的像素值。因此，水印将以类似图像的方式嵌入，而数据将以 JPEG 压缩的方式进行融合，水印则对 JPEG 压缩具备较高的稳健性。Sion 等[58]针对点到点传输的数据流提出了一种用于版权保护的稳健水印方案。该方案设置滑动窗口，当数据流通过滑动窗口时，总在窗口中寻找一个局部的最大值或者最小值，并将其相邻的与其差距不大的若干数据划入同一个特征子集。每一个特征子集的所有数据将共同作为水印的某一比特的载体，这种冗余也正是方案稳健性的来源。只要这个特征子集的任意一个数据能够在经受如采样、篡改或者平移等攻击后仍能被找到，就能提取相应的水印比特。

本 章 小 结

本章首先简要阐述了密码学与信息隐藏的一些基础理论知识，然后简要介绍了数字水印的基本概念与分类，尤其对实现认证的脆弱水印与实现版权保护的稳健水印作了较为详细的介绍。这些是本书的理论基础。

本章还进一步将无线传感器网络中的数据抽象为从传感器结点到汇聚结点的数据流，综述了研究较为广泛的多播网络数据流的认证方法，并比较了两种网络的区别，阐述了无线传感器网络中脆弱水印和稳健水印的需求，最后综述了现有传感器网络中的数字水印应用研究。

第 3 章　验证个体的无线传感器网络水印认证方案

3.1　分组认证方案

在许多实际应用中，无线传感器网络的核心安全需求是完整性而不是保密性。首先，传感器网络所传输的数据通常采集于公开的外部环境，保密并没有太大的实际价值；其次，数据通过无线信道进行传播，极易被篡改；最后，传感器结点性能是十分有限的，实现保密往往代价不菲。

第 2 章对现有的基于数字水印的无线传感器网络认证方案进行了综述。这些方案不尽相同，但它们有一个共同点，即数据流被划分为组或者块进行操作，也就是说数据流处理的基本粒度是组。现有分组方案的比较如表 3.1 所示。

表 3.1　现有分组方案的比较

水印方案	分组长度	分组标记	水印产生	水印载体	嵌入方式
链式方案[23]	可变	满足条件的数据	$H(G_i,G_{i+1})$	G_i	最低有效位
轻量级方案[56]	固定	额外的标志信息	$H(G_i)$	G_{i-1}	最低有效位
DaTA 方案[25]	固定	较大的时间延迟	$H(G_i)$ 与 $H(G_{i+1})$ 异或	G_{i+1}	修改时间
关联水印[57]	固定	空格	$H(G_i)$	G_i	增加空格

一个分组的数据通过计算（通常是 Hash 运算）生成认证信息，并将认证信息作为水印信息嵌入某个分组中（可以是同一个分组）。认证信息的验证则通过比较提取的水印与计算的水印实现，无论是生成水印的分组还是承载水印的分组的数据发生异常，都能被准确地检测。

分组的方式对于传感器网络中数据流的认证有着重要的意义。首先，分组将数据流中相邻的多个数据作为一个整体进行验证，在产生水印的过程中减少了传感器结点的计算开销。同时，多个相邻数据共用同样的认证信息，需要嵌入的水印量也大大减少了，从而保证了原始数据的使用价值。并且，水印的认证信息通过分摊的形式由数据分组中多个数据共同承载，尽可能减轻了对宿主数据的修改，保证了水印的透明度。显然，当无线传感器网络有限的资源不足以承载以数据个体为单位的水印嵌入方式时，分组就成了一个有效的解决方案。

当然，分组也对水印方案的性能产生了一定的影响。首先，所有分组的水印方案以组为基本操作粒度，因此数据分组中一个数据项或者数据包发生异常与多个数据项发生异常是没有区别的。也就是说，一个数据分组中，只要一个数据项发生异常，整个数据分组都应该被验证为已被篡改。若某基于分组的水印方案的分组长度为 N，攻击者只需以 $1/N$ 的频率修改数据项，就足以使整个数据流中所有的数据项被验证为已被篡改，进而失去使用价值。而分组的长度越大，这种影响就越显著。其次，分组也大大影响了水印的稳健性。如表 3.1 所示，无论是链式方案根据数据项的 Hash 值来随机选定分组标志，还是轻量级方案采用的额外分组标志，方案得以成功运行的关键都是数据流的两端能够同步分组。然而一旦分组标志被篡改，数据流接收者将无法与发送者同步，至少相邻两组数据的认证将会失败。在链式方案中，由于限制了分组的最短长度，一个分组标志数据被篡改甚至可能会导致后续的多个分组标志不被识别，进而影响一系列的分组的正确认证。总之，分组标志数据成为整个认证方案的脆弱环节，影响了水印的稳健性。

本章首先提出一种基于统计的能够验证个体数据项的水印认证方案，该方案利用双向分散技术，即将单个数据项的完整性信息分散嵌入多个数据项中，而每个数据项承载的完整性信息同时对多个数据项负责。尽管这种方案同样使用了数据分组，但实现了对分组中每个数据项个体的独立的完整性验证，提高了方案的性能。在此基础上，本章还基于相同的双向分散技术与统计的方法提出一个不分组的水印认证方案，方案将流式地处理数据而不再使用分组标志，避免了脆弱环节的产生，也使稳健性得到了提高。

3.2 定位篡改的图像水印

Zhang 和 Wang[59]提出了一种基于统计的可定位单个像素篡改的数字图像水印方案。假设宿主图像有 N 个像素点，通过计算为每个像素点生成一个 31bit 的完整性验证信息。伪随机地将这 $31N$ bit 的验证信息划分成子集，每个子集均有 11bit。将每个子集的比特折叠为 1bit，就形成了有待嵌入的水印信息。所有的水印比特经过伪随机的置乱，再通过取代最低的 3 个有效位的方式嵌入宿主图像中。

这种方案的核心思想在于，每一个像素点的认证信息与 31bit 关联，而且这 31bit 被均匀地分布到图像的不同像素中。而折叠操作大大减少了认证信息的数量，使宿主图像承载这些认证信息成为可能。当然，折叠操作得到的 1bit 水印不足以实现认证，但 31bit 联合则能够确保认证的正确性。同时，这 31bit 均匀而伪随机地分布在图像中，确保了在像素点篡改数量不多的情况下，仍然可以通过统计方法定位被篡改的像素。

这种一个像素点由多个水印比特认证，而每个水印比特由于折叠操作也关联多个像素的认证方式，正是所谓双向分散技术。而水印比特伪随机、均匀地嵌入图像中，再由统计方法鉴别是其成功的关键。

Zhang 和 Wang 将这种基于统计的方法进一步发展，提出了一种实现对篡改像素进行恢复的水印方案[60]。方案将认证信息分成两部分：一部分称为参考比特，由宿主图像的最高 5 位有效位经过压缩得到，用于恢复篡改像素；另一部分称为检测比特，先对图像分块，再通过 Hash 函数计算出图像块的完整性信息，用于检测该块图像是否经过篡改。水印信息通过经典的无损水印——差值扩展[61]的方式嵌入，只要图像的篡改不是太过严重，即篡改像素的比例控制在一定程度，都可以通过先鉴别图像块的篡改，再恢复篡改块的方式恢复图像[62]。后来，Zhang 和 Wang 延续这种方案，将水印分为参考比特与检测比特，并结合双向分散技术，使方案可以首先定位篡改再恢复原始数据[63]。

3.3　独立认证个体数据项的水印方案

3.3.1　方案概述

本节讨论一个简化的无线传感器网络，其传输的数据为数值型数据，且将数据流视为无限。传感器结点源源不断地采集数据，并通过其他结点进行传输，最终到达汇聚结点。在不考虑数据融合的前提下，任意一个传感器结点到汇聚结点都会形成一条无尽的数值型数据流。实际上，这些数据可能会通过完全不同的路径到达汇聚结点。水印将在传感器结点被嵌入，并在汇聚结点被验证。通过该方案，汇聚结点能验证传感器结点传输的数据是否在传输过程中被篡改。这里的篡改包括注入、删除和修改等一切形式的数据不一致。

通常来讲，传感器网络会根据实际应用环境，在数据链路层将多个数据项组合成一个数据包，并以包为单位传输数据。然而在本节方案（本节方案记作方案 3.1）中，将无视网络中实际传输的包结构，在应用层考虑水印的嵌入与提取，因此方案将每次采集所得的数据视为一个数据项，而数据项也是本书所有水印方案操作的基本单位。在无线传感器网络中，不仅传感器结点的硬件差异很大，其运行的网络协议也不似在互联网中的统一，在应用层从数据项的粒度考虑安全问题可以使认证方案具有更广泛的适应性。

将某个传感器结点到汇聚结点的数据流记作 S，传感器结点的每一次采集，都将得到一个数据项 s_i，假设 s_i 必须至少包含感知数据 d_i 及其时间戳 t_i。为了两端同步分组，假设传感器结点的采样周期是固定的，也就是 $\Delta t = t_i - t_{i-1}$ 保持不变。

方案的基本执行过程如下：传感器结点缓存当前采集的数据为一个数据分组，分组长度固定为 N，每次选择 M 个数据项进行 Hash 操作，每个分组共做 N 次 Hash 运算，并确保每个数据项都参与 M 次 Hash 运算。折叠 Hash 值为 1bit，每个分组将产生 N bit，再将 N bit 嵌入后续分组中的 N 个数据项中。显然，当前分组中每个数据的完整性都由后续分组中嵌入的 M bit 负责。在数据流接收端，汇聚结点以同样的方式缓存相同的数据项，以相同的方式计算 N 个 Hash 值，并将其折叠。当汇聚结点接收后续分组时，对每个数据项的完整性认证通过其关联的 M 个 Hash 值比较结果的统计来实现。

3.3.2　水印的认证过程

1. 数据分组

所有分组的流式数据认证方案都依赖于分组在数据流两端的同步，方案 3.1 也不例外。方案采用固定长度的分组，因此轻量级方案[56]中采用的额外分组标志的方法是适用的。然而，采用独立传输的分组标志信息一方面增加了传感器通信的开销（信息传输的能量消耗对于传感器而言远比计算与存储大得多）；另一方面使标志信息成为易受攻击的脆弱点。

本节提出一种新的以时间戳为参考的分组方式。首先，令传感器以固定的时间间隔采集数据，即对于两个相邻的数据项，如 s_i 与 s_{i+1}，其时间戳为 t_i 与 t_{i+1}，$\Delta t = t_i - t_{i-1}$ 保持不变。若 s_i 为某个分组的第一个数据项，那么时间戳为 t_i 与 t_{i+N-1} 的数据项则分别为该组数据的首项和末项。以时间戳为参考的固定长度分组方式既不增加额外的传输开销，又不增加脆弱点，但如果时间戳被篡改就等同于数据被篡改。

2. 水印的生成与嵌入

传感器结点缓存一个数据分组，记作 $\boldsymbol{G}$，由 N 个数据项组成，分别记作 $s_i, s_{i+1}, \cdots, s_{i+N-1}$。对当前数据分组做 N 次 Hash 运算，每次 Hash 运算根据密钥 K 挑选 M 个数据项参与，并确保每个数据项皆参加 M 次 Hash 运算。

设置一个 $N \times N$ 的矩阵，确保每行每列都有 M 个元素为 1，这样的矩阵记作 $\boldsymbol{A}_{N,M}$。如果 N=5，M=3，那么可能的 $\boldsymbol{A}_{5,3}$ 如下所示：

$$A_{5,3}=\begin{bmatrix}1&1&1&0&0\\0&1&1&1&0\\0&0&1&1&1\\1&0&0&1&1\\1&1&0&0&1\end{bmatrix} \tag{3.1}$$

密钥 K 则用来交换矩阵 $\boldsymbol{A}_{N,M}$ 的行或列，既保证了矩阵 $\boldsymbol{A}_{N,M}$ 中每行每列均有 M 个元素为 1 的性质，又使 Hash 值的计算成为秘密。

$$\boldsymbol{C}=\boldsymbol{G}\times\boldsymbol{A}_{N,M}=\begin{bmatrix}d_i & d_{i+1} & \cdots & d_{i+N-1}\end{bmatrix}\times\boldsymbol{A}_{N,M}=\begin{bmatrix}c_i & c_{i+1} & \cdots & c_{i+N-1}\end{bmatrix} \tag{3.2}$$

$\boldsymbol{C}$ 由 N 个数据构成，每个数据 c_i 都是分组中根据密钥选择的 M 个数据项之和的 N 次 Hash 运算的参与者。计算 Hash 值如下：

$$H(C)=\begin{bmatrix}H(c_i) & H(c_{i+1}) & \cdots & H(c_{i+N-1})\end{bmatrix} \tag{3.3}$$

分别折叠这 N 个 Hash 值为 1bit，得到 N bit，并将其作为水印信息嵌入后续分组的 N 个数据项中。所谓折叠，也就是把 Hash 值进行逐位异或，最终得到 1bit 信息。水印的嵌入采用最简单的最低有效位替换的方式，这也就要求方案在计算水印时不考虑最低有效位。

水印的生成与嵌入过程如图 3.1 所示。

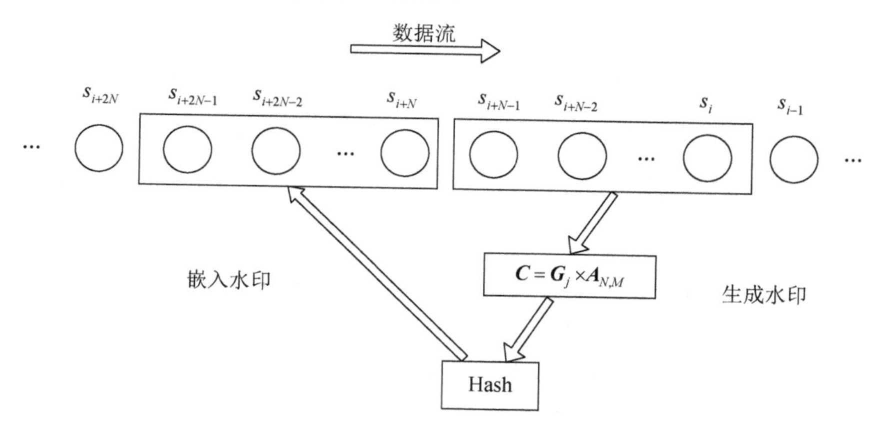

图 3.1　水印的生成与嵌入过程 1

3. 水印的比较

当汇聚结点接收到数据流时，首先根据时间戳同步分组，然后根据密钥 K 与矩阵 $\boldsymbol{A}_{N,M}$ 计算出 N 个 Hash 运算的参与数据，最后计算 Hash 值并折叠得到 N bit。这就是计算的水印比特，记作 w_{c}。当后续分组到达汇聚结点时，则提取每个数据项的最低有效位得到提取的水印比特，记作 w_{e}。

比较 w_c 与 w_e，若整个数据分组中的 N 个数据项无任何篡改，显然 w_c 与 w_e 应该相等。记录每一次的 w_c 与 w_e 的比较结果，对于整个数据分组可以得到 N 个比较结果。由于其中任一数据项 s_i 都参与了 M 次水印计算，因此可以通过这 M 个比较结果鉴别 s_i 的数据完整性；与此同时，每一个比较结果也包含了 M 个数据项的完整性信息，这也就是所谓双向分散的统计认证。

当汇聚结点缓存了一个数据分组时，即可得到当前分组的计算水印比特 w_c 与前导分组的提取水印比特 w_e。因此，当前分组的验证需要后续分组提供的信息来实现，认证会有一个分组的滞后，这与大部分的分组方案相同。

3.3.3 水印的统计分析

1. 漏检率分析

对于汇聚结点缓存的数据分组 $\boldsymbol{G}_t$，其包含数据项 $s_i, s_{i+1}, \cdots, s_{i+N-1}$，如果数据项 s_i 的感知数据 d_i 已被篡改，那么当前分组 $\boldsymbol{G}_t$ 计算所产生的 N bit 水印中，有 M bit 与 d_i 相关。尽管 d_i 的篡改会使这 M 个 Hash 值完全改变，但折叠操作使由 d_i 参与计算的水印比特 w_c 有 1/2 的概率发生反转，即由 0 变为 1 或者由 1 变为 0。而 Hash 函数可以视为一个随机的过程，因此这 M bit 的计算水印 w_c 的改变是独立同分布的。

将 X 定义为与 d_i 相关的 M 个计算水印 w_c 中反转的个数，X 应遵循二项分布，其概率分布为

$$P(X=k)=\binom{M}{k}\left(\frac{1}{2}\right)^M \tag{3.4}$$

其中，$k=0,1,2,\cdots,M$。

显然，当 k 接近于 0 时，概率 $P(X=k)$ 的值将小到可以忽略。因此，我们为 M 个计算水印比特 w_c 中反转的数量定义一个阈值 T，只要 $X \leqslant T$，关联的数据项 d_i 则被认为通过完整性验证，即 d_i 未被篡改。

对于任意数据项 s_i，若 d_i 被篡改，则未能检测出篡改的概率，即漏检率为

$$\sum_{k=0}^{T} P(X=k)=\sum_{k=0}^{T}\binom{M}{k}\left(\frac{1}{2}\right)^M \tag{3.5}$$

其中，$T \leqslant M$。

在数据分组 $\boldsymbol{G}_t$ 中，除 s_i 中 d_i 被篡改外，如果还有其他数据项被篡改，则本组相关的 N 个计算水印比特 w_c 可能会发生更多的反转，但与 d_i 相关的 M bit 反转个数仍然遵循式(3.4)的概率分布。因此，未能检测出 d_i 被篡改的概率保持与式(3.5)相同。

2. 虚警率分析

对于汇聚结点缓存的数据分组 $\boldsymbol{G}_t$，如果其数据项 s_i 的感知数据 d_i 被篡改，那么其他任意数据项 s_j 也存在一定的被误判为被篡改的概率。每个水印比特关联 M 个数据项，因此若 d_i 被篡改，则 d_i 所关联的 M 个水印比特，除去数据项 s_i 之外，共与 $M(M-1)$ 次运算相关，而这些与篡改水印比特相关的计算应分布到本组其他的 $N-1$ 个数据项中。每个除篡改数据项 s_i 以外的 s_j，其关联的 M bit 中与 d_i 关联的个数记作 Y_T，那么

$$E(Y_T)=\frac{(M-1)M}{N-1} \tag{3.6}$$

若 $M=rN$，其中 $0<r<1$，可以得到

$$E(Y_T)=\frac{(M-1)M}{N-1}=\frac{r(M-1)M}{M-r} \tag{3.7}$$

因为与 d_i 关联的 M 个水印比特在其他 $N-1$ 个数据项中的分布由矩阵 $\boldsymbol{A}_{N,M}$ 与密钥 K 决定，最均匀的状况就是平均分布。而关联篡改水印的个数 Y_T 必定为整数，所以每个未篡改 s_j 在最平均的情况下，都应该取值为最接近 Y_T 均值的整数。

$$\lfloor r(M-1)\rfloor \leqslant Y_T \leqslant \lceil rM \rceil \tag{3.8}$$

因此，可以得到在均匀分布的情况下，数据分组 $\boldsymbol{G}_t$ 中任意未篡改数据项 s_j 所关联的 M 个水印比特中，有 $\lfloor r(M-1)\rfloor$ 或者 $\lceil rM \rceil$ 个与篡改相关。而 Y_T 的具体取值取决于 N 与 M 的实际值，多个数据项 s_j 的 Y_T 值可以不同，上限与下限的取值通常共同存在。

在数据分组 $\boldsymbol{G}_t$ 中，如果其数据项 s_i 的感知数据 d_i 被篡改，那么其他任意数据项 s_j 关联的计算水印比特中 Y_T 有 1/2 的概率发生反转，设 Y_F 为这 Y_T 个计算水印 w_{c} 中反转的个数，Y_F 也应遵循二项分布，其概率分布为

$$P(Y_F=k)=\binom{Y_T}{k}\left(\frac{1}{2}\right)^{Y_T} \tag{3.9}$$

根据设定的阈值 T，如果分组 $\boldsymbol{G}_t$ 中未篡改数据项 s_j 关联的计算水印比特 w_{c} 中反转的个数大于阈值，即 $Y_F>T$，那么数据项 s_j 将被误判为被篡改的，也即发生了虚警。

$$\sum_{k=T+1}^{Y_T}P(Y_F=k)=\sum_{k=T+1}^{Y_T}\binom{Y_T}{k}\left(\frac{1}{2}\right)^{Y_T} \tag{3.10}$$

当然，式（3.10）讨论的是分组中只有一个数据项被篡改所引起的篡改率。如果同一分组中有多个数据项的感知数据被篡改，那么与篡改数据项关联的计算

水印比特的个数Y_T将不再符合式（3.6），而会有显著的增加。若矩阵$\boldsymbol{A}_{N,M}$中0与1分布均匀，那么只要分组中篡改的数量增加，所有的水印比特都将与篡改数据相关，Y_T会等于N，虚警率将非常大。因此，未篡改数据项的虚警率会随着篡改数据项的增加而急剧增加。

3.3.4　方案性能分析

1. 分组的同步

数据项的层级通常存在3种不同方式的对流式数据的篡改：注入新的数据项，删除数据项及修改数据项。因为传感器结点采用了固定时间间隔的采样方式，所以数据流根据时间戳形成了一种类似于数字图像的栅格，每个数据项s_i根据其时间戳t_i归属于一个确定的时隙。注入新的数据项，其时间戳必须属于某个时隙；而一个时隙中又只允许存在一个数据项。因此，如果接收者认可了新注入的数据项，该时隙原有的数据项就应该被排除，此时则等同于数据项的篡改；如果接收者因为其时间戳而不认可新注入的数据项，那么数据流则相当于没有遭到篡改。当某个数据项s_i被攻击者删除时，其时隙仍然存在，只不过缺少相应的感知数据d_i。因此，在参与水印计算时，接收者用0来替代感知数据d_i，而提取水印时，所有涉及与s_i承载的1bit水印比较的结果都视为不相等。显然，无论是数据项注入还是删除都被视为篡改。

2. 篡改的检测

在3.3.3小节中已经分析了根据阈值T来判断数据项是否被篡改的方法，并且得出了漏检率与虚警率，这也是衡量一个水印认证方案重要的性能指标。但值得注意的是，这里的篡改指的都是数据项除了最低有效位以外的高位被篡改的情况。通过式（3.5）可以得出不同M下的漏检率随阈值T变化的趋势，如图3.2所示。显然，参与Hash运算的数据项越多，也就是每个数据项关联的比特越多，漏检就越不容易发生。而阈值T越大，漏检率越高。但值得注意的是，漏检的发生与分组的长度N无关。

通过式（3.10）可以得出不同Y_T下虚警率随阈值T变化的趋势，如图3.3所示。虚警率与篡改数据项关联的比特数Y_T有关，Y_T越小，虚警率越低。而Y_T由M与N共同决定，M与N的比值越小，Y_T的值就越小，较大的M能降低漏检率，此时就需要大得多的N来确保一个较小的Y_T。同时，阈值的升高也使虚警率降低。总之，一个理想的方案需要一个较大的M和更大的N，然而分组的长度增大会增加时延及存储开销，因此需在M与N之间取得平衡，阈值T也应该适中。

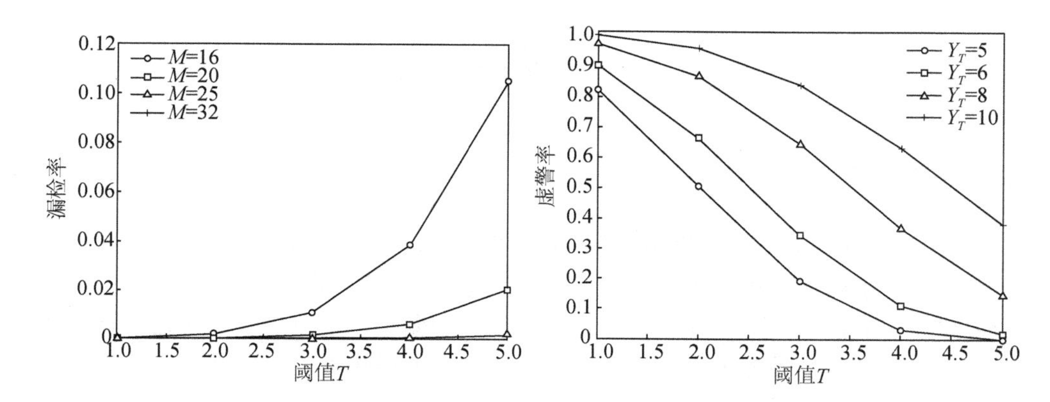

图 3.2　不同 M 下漏检率随阈值 T 变化的趋势　图 3.3　不同 Y_T 下虚警率随阈值 T 变化的趋势

从图 3.3 中可以发现，在很多取值下，虚警率是较高的。但考虑到其他分组水印认证方案都是在组的层级计算虚警率，也就是说某个分组只要有一个数据项被篡改，则该组将直接被验证为被篡改，尽管本组中更多的数据项并未受到篡改，但这并不引发虚警。只有当某数据项的篡改引起其他完全未篡改的分组被验证为被篡改时，才发生虚警，而这种情况通常只发生在分组标志信息异常的情形下。显然，方案 3.1 是数据项层级的虚警判断，这相比其他分组水印认证方案有了质的飞跃。尽管虚警率随着篡改率的增加有了明显的升高，但实际被误判为已被篡改的数据项远远小于其他分组方案。

3. 开销分析

显然，方案 3.1 的计算开销并不大，除了 Hash 运算，其他计算都是简单的算术运算、逻辑运算及位运算。而 Hash 函数相对开销较低，在密码学的各种技术手段中，其开销不仅远低于公开算法，还低于对称算法。在储存空间上，发送者和接收者均需要缓存一个分组的数据，因此无论传感器结点还是汇聚结点都需要一个分组的额外缓存空间，这与大部分基于分组的水印认证方案相同。所有基于水印技术实现的方案通常不增加额外的传输开销，在这一点上方案 3.1 与其他方案相同。

4. 服务质量分析

对于方案 3.1 而言，发送者和接收者都会产生时间延迟，这个时间延迟主要来自于数据的缓存。无论是发送者还是接收者，都需要缓存一个分组的数据才能进行水印的嵌入或者验证操作。而水印计算所产生的时间延迟与缓存数据相比可以忽略。方案 3.1 的水印透明度也是很高的，水印嵌入仅使用了每个数据项感知数据的最低有效位，这对原始数据几乎不会带来任何影响。

3.4　不分组的水印认证方案

3.4.1　方案概述

3.3 节根据双向分散的思想，提出了能够独立认证分组中的数据项的水印认证方案，打破了以往分组方案只在分组的层次操作数据流的局限，使分组中的每一个数据项都能被独立地认证，大大降低了误判的概率。本节进一步改进思路，提出一个基于统计的不分组水印认证方案，使分组的操作被完全抛弃，所有因为数据分组而产生的消极影响将不复存在。

本节讨论的无线传感器网络仍然是一个简化的模型，其传输的数据为数值型数据，任意一个传感器结点采集数据并通过其他结点传输到汇聚结点，形成一条无尽的数据流。而水印将在传感器结点被嵌入，并在汇聚结点被验证。

将某个传感器结点到汇聚结点的数据流记作 S，传感器结点的每一次采集，都得到一个数据项 s_i，假设 s_i 至少包含感知数据 d_i 及时间戳 t_i。为了两端同步分组，假设传感器结点的采样周期是固定的。

方案的基本执行过程如下：当传感器结点采集到数据项时，将其送入缓存，均匀且伪随机地选择部分缓存中的数据计算完整性信息。折叠完整性信息为 1bit 水印嵌入当前数据项，并发送已嵌入水印的当前数据项。同时，保留当前数据项的副本于缓存中。为了确保缓存中数据项的数量保持不变，每进入一个新的数据项，就丢弃一个缓存最久的数据项。在接收端，汇聚结点以同样的方式缓存数据项，选择数据进行完整性信息的计算并与嵌入的比特相比较。而数据项只要存在于缓存中就有机会参与水印的计算，因此一旦数据项被缓存释放，就可以根据对若干个计算水印与提取水印的比较结果来验证该数据项的完整性。

3.4.2　水印的认证过程

1. 水印的产生与嵌入

传感器采集到一个新的数据项 s_i，包括感知数据 d_i 及时间戳 t_i，首先复制其感知数据得到副本 c_i，并将其存入缓存。在缓存中建立一个长度为 N 的队列，记作 Q，每一个新的数据 c_i 从队尾入队，处于队首的数据 c_{i-N} 出队，队列中始终保持 N 个数据不变，它们是 $c_{i-N+1},c_{i-N+2},\cdots,c_i$。显然，每缓存一个新的数据副本，队列中的数据都将发生移动，而且 $\text{len}(Q)=N$。

当 c_i 缓存入队之后，从队首到队尾遍历队列中的数据，以概率 p 随机而均匀地选择部分数据参与完整性信息的计算的候选数据集，记作 C_j。显然数据集 C_j 中的数据项个数是可变的，但其期望值应为 Np：

$$E(\mathrm{len}(C_j)) = Np \tag{3.11}$$

候选数据集 C_j 产生的过程与 3.3 节相似。可以假设一个 $N\times1$ 的零一矩阵 $\boldsymbol{A}$，$\boldsymbol{A}$ 中每个元素取值为 1 的概率为 p，通过

$$C_j = Q \times \boldsymbol{A} \tag{3.12}$$

可以简单地选出候选数据集。

计算 C_j 中所有数据相连之后的 Hash 值，记作 h，即

$$h = \mathrm{Hash}(C_j) \tag{3.13}$$

h 的二进制表达形式为 $b_l b_{l-1} \cdots b_0$，通过逐位异或的方式进行折叠，得到 1bit 的水印信息，记作 w，即

$$w = b_l \oplus b_{l-1} \oplus \cdots \oplus b_0 \tag{3.14}$$

通过最简单的最低有效位取代的方式，将水印 w 嵌入当前数据项 s_i 的感知数据 d_i 中，嵌入水印后，感知数据记作 d_i'。完成水印的嵌入后，发送数据项 s_i。

当传感器结点采集到下一个数据项 s_{i+1} 时，复制其感知数据 d_{i+1} 的副本 c_{i+1} 进入缓存中的队列 Q，队首数据出队，生成水印并嵌入，方案得以继续运行。显然，最低有效位不参与水印的生成计算。

经过 N 次水印计算，c_i 将出队，在此期间，假设 c_i 被选入候选数据集 C_j 参与 Hash 运算 M 次，$M \leqslant N$，则数据项 s_i 的感知数据 d_i 的完整性与这 M 个水印相关。

水印的生成与嵌入过程如图 3.4 所示。

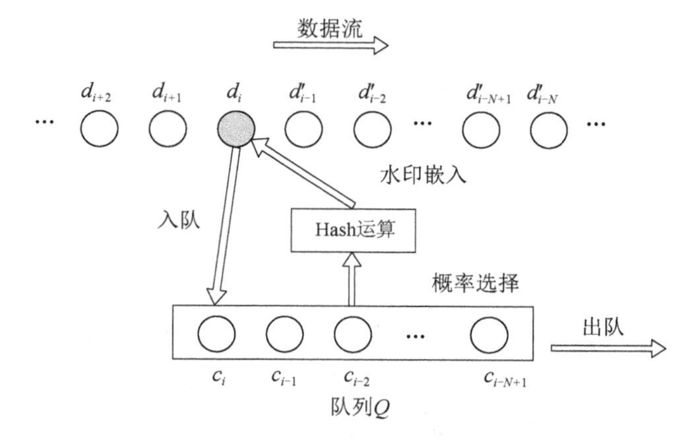

图 3.4　水印的生成与嵌入过程 2

2. 水印的比较

作为数据流的接收者，汇聚结点也需要建立相应的队列缓存机制对接收到的

数据流进行处理，且两端应建立长度相同的队列进行数据缓存。与发送者的区别在于，汇聚结点不缓存接收到数据项的感知数据的副本，而是直接缓存数据项。当数据项 s_i（其感知数据记作 d_i''）进入队列时，汇聚结点通过相同的方式，在队列中选出候选数据集，并通过 Hash 函数对候选数据集进行计算，并折叠得到 1bit 的水印信息，记作 w_c。同时，从当前入队的数据项的感知数据最低有效位提取水印信息，记作 w_e。比较 w_c 与 w_e，若候选数据集中的所有数据均无任何篡改，则 w_c 与 w_e 应该相等。

汇聚结点每接收一个数据项，就以同样的方式进行计算，记录 w_c 与 w_e 每一次的比较结果，直到 s_i 出队。因此，在 s_i 处于汇聚结点的队列中时，可以得到 N 个 w_c 与 w_e 的比较结果，其中 M 个与 s_i 相关。通过这 M 个比较结果，可以实现数据项 s_i 感知数据的认证。

所以，对数据项 s_i 感知数据的认证应从其进入汇聚结点的队列开始，到该数据项出队完成。水印的认证过程如图 3.5 所示。

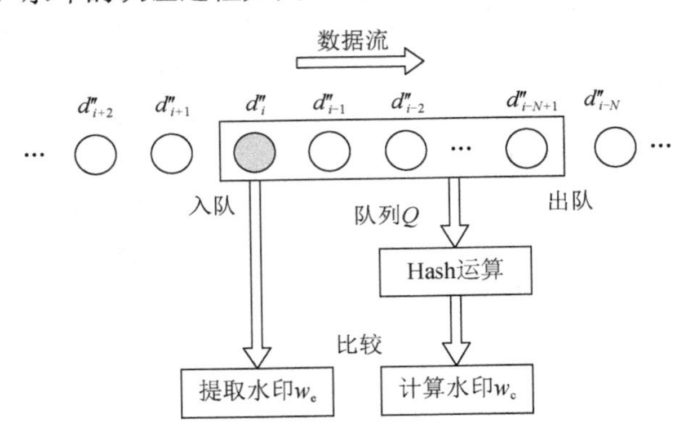

图 3.5　水印的认证过程

3.4.3　水印的统计分析

1. 漏检率分析

从数据项 s_i 进入汇聚结点的队列开始，到该数据项出队为止，将产生 N 个水印比特，本节方案（记作方案 3.2）也将根据这 N bit 的统计结果来验证数据项 s_i 的感知数据 d_i 是否被篡改。如果数据项 s_i 的感知数据 d_i 被篡改，更确切地说应该是其嵌入水印的感知数据 d_i' 被篡改，那么汇聚结点所接收到的 $d_i'' \neq d_i'$。

当数据项 s_i 存在于队列中时，以 p 的概率被选入候选数据集参与 Hash 运算，假设数据项 s_i 入选候选数据集 M 次，因为每一次选择都是独立的，所以 M 应该服从二项分布，其概率分布为

$$P(M=j)=\binom{N}{j}p^j(1-p)^{N-j} \tag{3.15}$$

入选 M 次意味着 N 个水印比特中有 M 个与 s_i 关联。如果 $d_i'' \neq d_i'$，则 s_i 关联的 M 个水印比特有 1/2 的概率发生反转。显然，M 个水印比特的改变是独立同分布的。将 X 定义为与 d_i' 相关的 M 个水印比特中反转的个数，X 也应遵循二项分布，其概率分布为

$$P(X=k)=\binom{M}{k}\left(\frac{1}{2}\right)^M \tag{3.16}$$

其中，$k=0,1,2,\cdots,M$。

当 k 接近于 0 时，式（3.16）的值将小到可以忽略。因此，定义一个阈值 T，只要 $X \leqslant T$，则认定 $d_i''=d_i'$。也就是，只要数据项 s_i 从入队到出队所关联的 M 个水印比特与提取水印比特比较的结果中不相同的比特数不超过阈值 T，则其感知数据 d_i' 就被认为通过完整性验证，即 d_i' 未被篡改。

若数据项 s_i 在队列中入选候选数据集的次数不超过阈值，那么其篡改将必然会漏检。综合式（3.15）与式（3.16），可以得到漏检率为

$$\sum_{j=0}^{T}P(M=j)+\sum_{j=T+1}^{N}\left\{P(M=j)\sum_{k=0}^{T}P(X=k)\right\} \tag{3.17}$$

当数据项 s_i 位于在队列中时，如除数据项 s_i 外还存在其他数据项被篡改，尽管产生的 N 个水印比特可能会发生更多的反转，但与数据项 s_i 相关的 M 个水印比特反转个数仍然遵循式（3.16）的概率分布。因此，漏检率并不会因为被篡改数据数量的增加而增加。

2. 虚警率分析

当被篡改的数据项 s_i 存在于队列中时，其他存在于队列中的数据项也与发生反转的水印比特相关联。显然，其他数据项记作 s_j，离 s_i 越近，则与 s_i 一起入选候选数据集的概率就越大，s_j 关联的水印比特反转的就越多，s_j 被误判为已被篡改的概率就越大。

将未被篡改数据项与被篡改数据项 s_i 的距离记作 L，因为队列的长度为 N，因此受 s_i 影响的数据项与 s_i 的距离最远为 N-1，这个最大距离被定义为篡改数据项的影响半径。所有位于被篡改数据项 s_i 的影响半径以内的数据项记作 $s_{i,x}$，x 满足 $i-N+1 \leqslant x \leqslant i+N-1$，且 $x \neq i$。

为了简单起见，假设任何数据项只受一个被篡改数据项的影响，也就是说，任何数据项都只位于一个被篡改数据项的影响半径内，影响半径不会重叠。对于位于被篡改数据项 s_i 的影响半径以内的数据项 $s_{i,x}$ 而言，当 $s_{i,x}$ 与 s_i 同时存在于队

列中时，两者的感知数据同时入选候选数据集的概率为 p^2，而 $s_{i,x}$ 与 s_i 要同时经历 N−L 次选择。假设 $s_{i,x}$ 与 s_i 同时入选候选数据集 Y 次，那么 Y 的概率分布与式（3.9）相似，为

$$P(Y=j)=\binom{N-L}{j}p^{2j}(1-p^2)^{(N-L-j)} \tag{3.18}$$

当 $s_{i,x}$ 与 s_i 同时入选候选数据集时，必然会有部分水印比特发生反转，而反转的水印比特数目显然也服从二项分布，并与式（3.16）相似。将反转的比特数记作 Z，那么

$$P(Z=k)=\binom{Y}{k}\left(\frac{1}{2}\right)^{Y} \tag{3.19}$$

如果 $Y \leqslant T$，即 $s_{i,x}$ 与 s_i 同时入选候选数据集的次数不超过阈值，那么 $s_{i,x}$ 将不会被误判为已被篡改。如果 $Y > T$ 且 $Z > T$，则虚警将会发生。因此，位于篡改数据项 s_i 影响半径内的任意数据项 $s_{i,x}$，虚警率与式（3.17）相似，为

$$\sum_{j=T+1}^{N-L}\left\{P(Y=j)\sum_{k=T+1}^{Y}P(Z=k)\right\} \tag{3.20}$$

如果汇聚结点的队列中有不止一个数据项被篡改，那么未被篡改数据项显然有可能位于多个篡改结点的影响半径内。此时情况将变得更加复杂，而多个被篡改数据项影响半径的重叠将使虚警率升高。

假设篡改率为 r，将长度为 N 的队列中，平均被篡改数据项的个数记作 N_T，则

$$N_T = Nr \tag{3.21}$$

因队列中被篡改的数据项的个数为 N_T，也就是说未被篡改数据项 s_j 将与这 N_T 个被篡改数据项同时经历候选数据集的选择。显然，只要被篡改数据项与未被篡改数据项 s_j 一起入选候选数据集，不管存在几个被篡改数据项，水印比特总是以 1/2 的概率反转。因此，需要确定 s_j 与任意被篡改数据项共同入选的次数。

每个数据项入选的概率为 p，那么 s_j 入选而 N_T 个被篡改数据项无一入选的概率为 $p(1-p)^{N_T}$，s_j 不入选的概率为 $1-p$，将 s_j 与 N_T 个篡改数据项中的任意个同时入选候选数据集的概率记作 p_T，则

$$p_T = 1-p(1-p)^{N_T}-(1-p) \tag{3.22}$$

将未被篡改数据项 s_j 与 N_T 个被篡改数据项中任意个数据项同时入选候选数据集的次数记作 Y_T，Y_T 也服从二项分布，其概率分布为

$$P(Y_T=j)=\binom{N}{j}p_T^{j}(1-p_T)^{N-j} \tag{3.23}$$

当未被篡改数据项 s_j 与被篡改数据项同时入选候选数据集 Y_T 次时，反转的水

印比特数目显然也服从二项分布，将其记作 Z_T，那么 Z_T 的概率分布为

$$P(Z_T = k) = \binom{Y_T}{k}\left(\frac{1}{2}\right)^{Y_T} \tag{3.24}$$

因此，当未篡改数据项 s_j 位于 N 个被篡改数据项的影响半径内时，只要反转的水印比特数大于阈值 T，虚警就会发生。此时虚警率为

$$\sum_{j=T+1}^{N}\left\{P(Y_T = j)\sum_{k=T+1}^{Y_T} P(Z_T = k)\right\} \tag{3.25}$$

3.4.4 方案性能分析

3.3 节已经讨论过，固定采样周期的水印方案可以利用时间戳来形成栅格，数据项根据时间戳形成的栅格有了固定的顺序，那么无论是数据项注入还是删除都被视为篡改。

1. 漏检率与虚警率

根据式（3.17），漏检率与队列长度 N、数据项入选候选数据集的概率 p 及判定篡改的阈值 T 相关，但是与篡改率没有关联。与方案 3.1 相同的是，这里的篡改指的是数据项除最低有效位以外的高位被篡改的情况。

通过图 3.6～图 3.8 可以发现漏检率与这些参数的关系。图 3.6 显示随着选择概率 p 的增加，漏检率大大降低，并达到小于 1%的可接受程度；图 3.7 显示漏检率随着队列长度 N 的增加而降低。图 3.6 和图 3.7 共同说明了与被篡改数据项关联的水印比特越多，漏检率就越低。而图 3.8 则显示漏检率随阈值 T 的增大而升高，但升高的幅度很小。

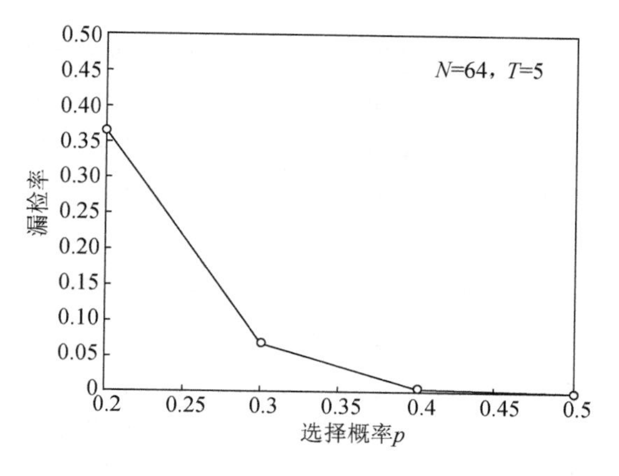

图 3.6　漏检率随选择概率 p 变化的趋势

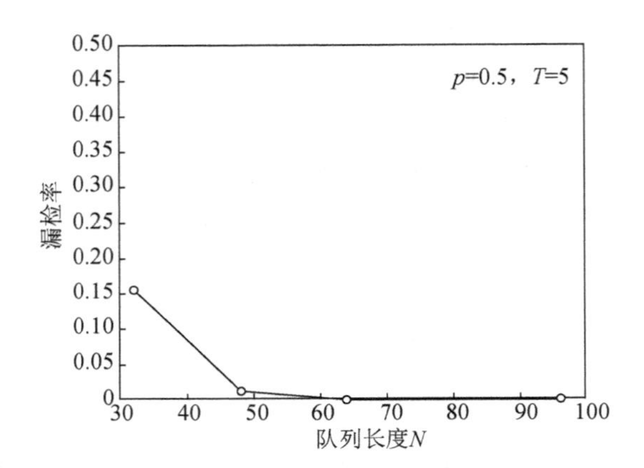

图 3.7　漏检率随队列长度 N 变化的趋势

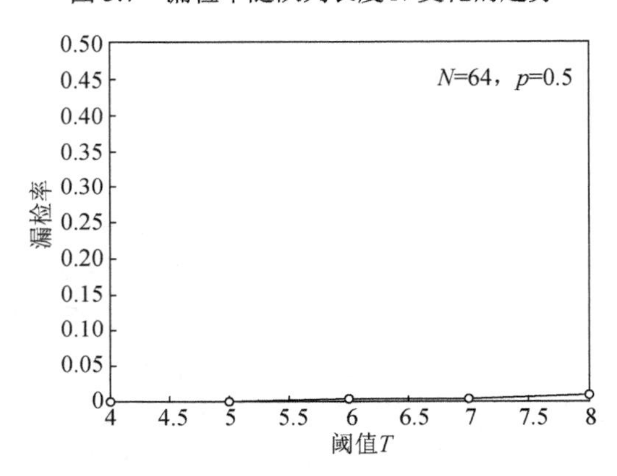

图 3.8　漏检率随阈值 T 变化的趋势

根据式（3.20），可以分析在队列中只有一个数据项被篡改，且被篡改数据项的影响半径不重叠的情况下，虚警率与数据项与距离 L、选择概率 p 及阈值 T 的关系。图 3.9 显示，距离篡改数据项越远，虚警率就越低。图 3.10 与图 3.11 则显示，虚警率随着选择概率 p 的增大而升高，随着阈值 T 的增加而降低，这与漏检率所呈现的趋势正好相反。

通过式（3.25）可以分析当队列中有多个被篡改数据时，虚警率与队列中被篡改数据项的个数 N_T、选择概率 p 及阈值 T 的关系。图 3.12 显示，只要队列中被篡改数据项的个数 N_T 增加，虚警率就会升高。图 3.13 与图 3.14 则显示，虚警率随着选择概率 p 的增大而升高，随着阈值 T 的增大而降低，这与只有一个数据项被篡改的情形类似。

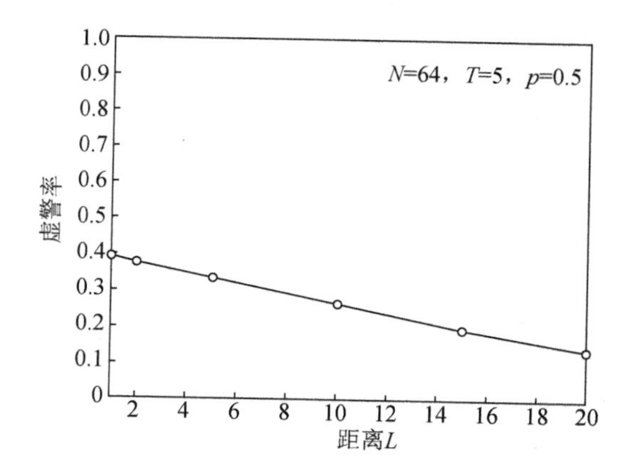

图 3.9　虚警率随距离 L 变化的趋势

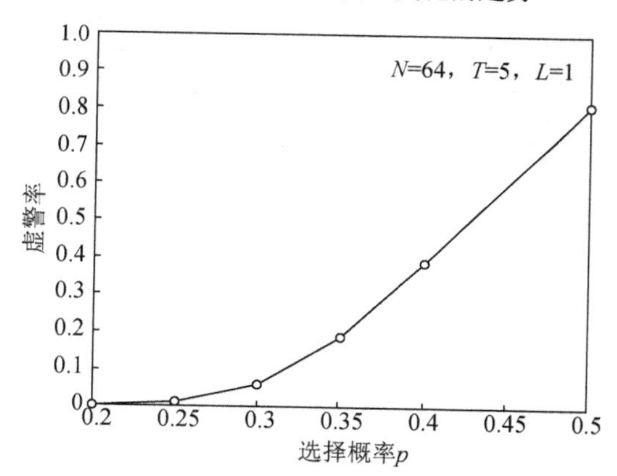

图 3.10　虚警率随选择概率 p 变化的趋势

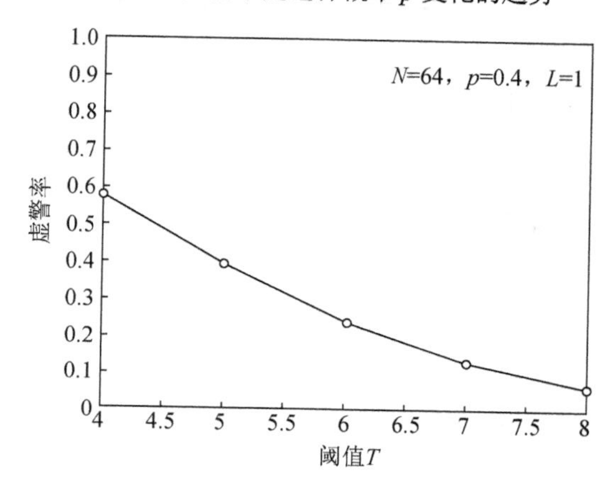

图 3.11　虚警率随阈值 T 变化的趋势

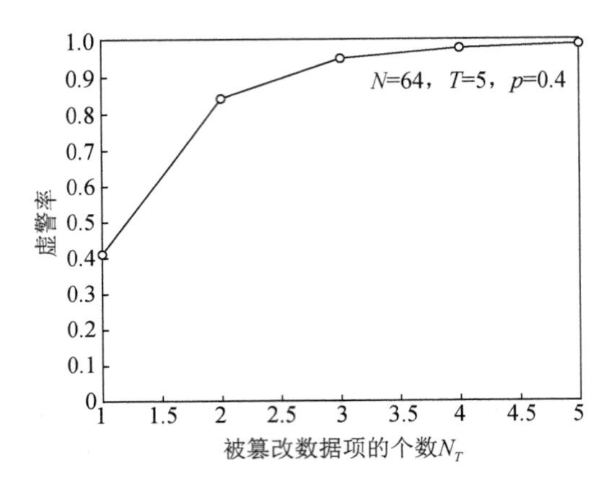

图 3.12　虚警率随队列中被篡改数据项的个数 N_T 变化的趋势

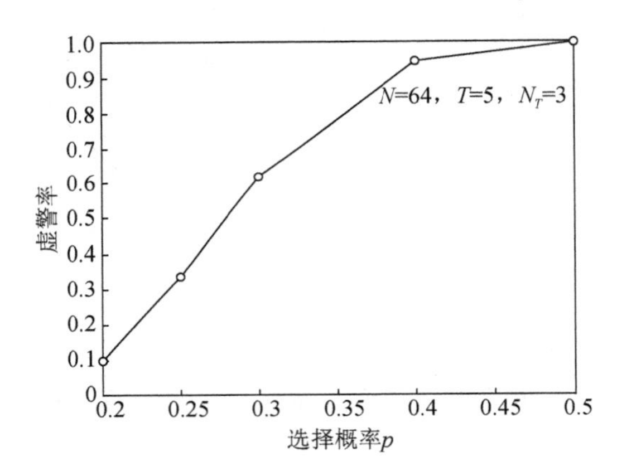

图 3.13　虚警率随选择概率 p 变化的趋势

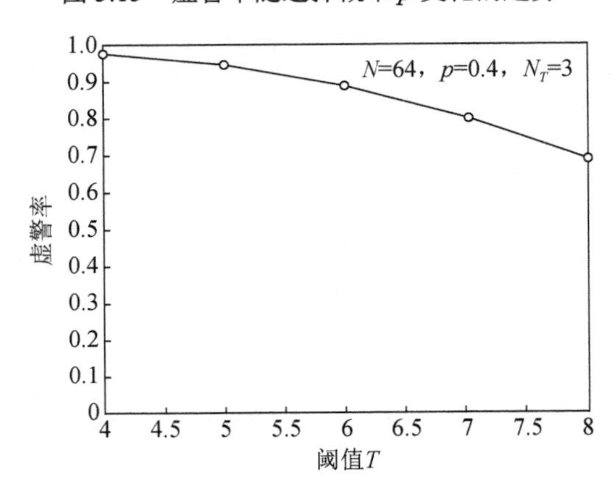

图 3.14　虚警率随阈值 T 变化的趋势

从以上分析可以发现，本节提出的方案 3.2 只要篡改率升高，虚警率就有较大幅度的升高。与方案 3.1 类似，本节的方案仍然是数据项层级的验证，即使这样，也比其他分组水印认证方案基于分组层级的验证有很大的进步。

2. 开销分析

显然，在计算开销方面，方案 3.2 与方案 3.1 相当，所有的计算中除了 Hash 运算，其他都是简单的算术运算、逻辑运算及位运算，而 Hash 函数在密码学的各种技术手段中也属于开销相对较低的。在储存开销方面，方案 3.2 也与方案 3.1 相似，发送者和接收者均需要缓存一个分组的数据，发送者传感器结点只缓存一个分组的感知数据，因此从严格意义来讲方案 3.2 比方案 3.1 所需存储空间更少。在通信开销方面，所有基于水印技术的方案通常不增加额外的传输开销，因此方案 3.2 与其他水印方案相同。

3. 服务质量分析

如果不计入计算的时间延迟，方案 3.2 在发送者处几乎不产生由缓存数据造成的时间延迟。显然，发送者传感器结点并不需要缓存一个完整的数据项，只要使用当前数据项的感知数据进行水印计算，就可立即将水印嵌入并发送。当然，在接收者汇聚结点处，仍然会产生时间延迟，这是因为数据项的认证需要根据其感知数据处于队列中时生成的所有水印比特来判断。只有当这 N bit 的判断结束时，数据完整性才能得到验证。对于一个使用到无线传感器网络的水印认证方案，发送者传感器结点的资源往往有限得多，因此用接收端的时延取代发送端的时延是一个有效的方法。同时，水印嵌入也仅使用了每个数据项感知数据的最低有效位，水印有较高的透明度。

3.5 模拟实验

3.5.1 实验设置

本节将通过 MATLAB 模拟实验来证明方案 3.1 与方案 3.2 的性能。实验所用原始数据流来自于 Intel Berkeley 研究实验室所部署的真实的无线传感器网络[64]。在此网络中，传感器结点用于周期性地采集带时间戳的湿度、温度、光照强度及电压。

每一次实验由一个结点的连续 10 000 次采集的数据组成，也就是说每一条实验的流式数据都有 10 000 个数据项。为了简单起见，对原始数据做一定的预处理：去掉一些明显错误的数据，对时间戳进行修正使其符合固定周期采样的要求，保留 4 种采样数据中的一种。因此，最终每次实验的数据都来自于某传感器结点对某种环境特征（如温度）的固定周期的连续 10 000 次采集。

为了测试方案对篡改的性能，即漏检率和虚警率，将以篡改率 r 修改数据流，那么每个实验数据流中将有大约 10 000r 个数据项被篡改。为了测试方案的不同参数，将针对队列长度 N、入选候选数据集概率 p、篡改率 r 和判定篡改阈值 T 分别进行实验，而每组实验只测试一个参数变化所带来的影响。事实上，参数 N 与 p 共同决定了 M 的值，尤其在方案 3.1 中，入选候选数据集的概率 p 由 M 与 N 的比值来取代。因此，参数 N 与 p 可视为类似的参数，实验结果将只显示不同 N、r 与 T 下两个方案性能的变化。

3.5.2 实验结果

经过多次反复实验，可以得到两个方案漏检率和虚警率受不同参数影响的变化情况。

图 3.15 显示了两个方案的漏检率与虚警率随参数 N，即分组或队列的长度变化的情况，显然这两个性能指标呈现完全相反的变化趋势，这与性能分析完全一致。对比两个方案，它们的性能十分接近，尤其是在漏检率上。从虚警率的角度看，方案 3.1 随着 N 的增大上升得更快。分析方案 3.1 的结果，如果选择参与 Hash 运算的矩阵中 0、1 均匀分布，只要有不止一个数据项被篡改，对水印比特的修改就会平均地分散到分组中，从而使更多的水印比特被篡改，虚警率自然升高。而在篡改率保持不变的情况下，若增大分组 N 的值，也就增加了分组中被篡改的数据项的个数，从而导致虚警率的快速升高。显然，方案 3.1 中 N 对虚警率的影响更大。

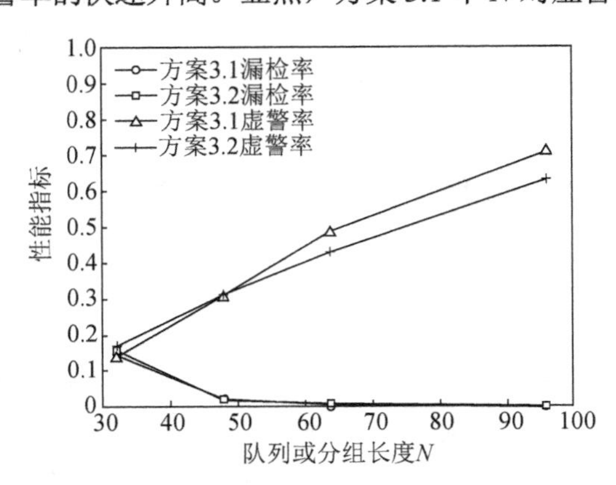

图 3.15 不同队列或分组长度 N 下的性能指标

图 3.16 显示的是篡改率 r 的影响。首先，两个方案的漏检率对篡改率都是不敏感的，这和漏检的实际产生方式有关。其次，篡改率 r 对虚警率的影响与参数

N 非常相似，这两个参数的增大都使分组或者队列中被篡改的数据项增加。而且篡改率只要略微上升，虚警率就变得非常高。尤其是方案 3.1，其虚警率受篡改率的影响较方案 3.2 显著。

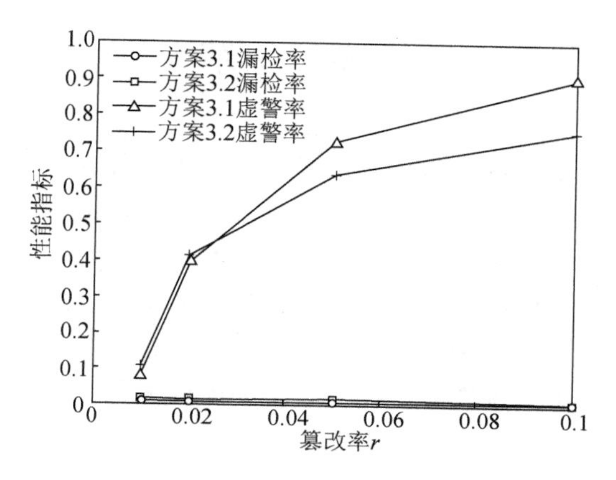

图 3.16　不同篡改率 r 下的性能指标

图 3.17 则证实了漏检率与虚警率随阈值 T 变化呈现的相反趋势。尽管两个方案的虚警率随着阈值 T 的增大有降低的趋势，而且漏检率的升高也并不明显，但对于一个认证方案而言，确保较高的检测率是首要任务，因此不可能通过提高漏检率来获取虚警率的下降。

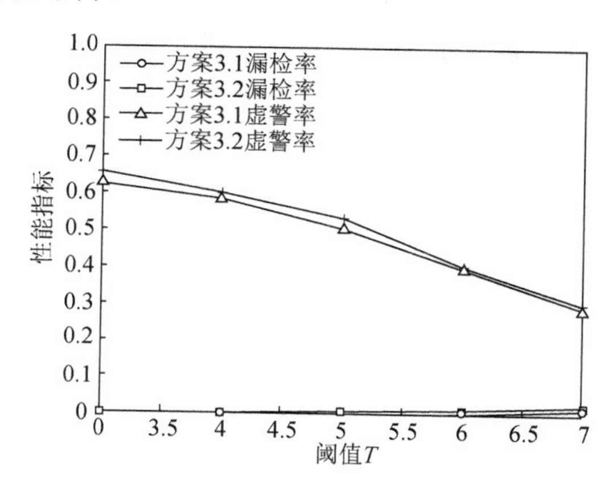

图 3.17　不同阈值 T 下的性能指标

总之，方案 3.1 和方案 3.2 都是基于双向分散的原理实现的，尽管在实现细节上有所差异，但本质上还是非常相似的。模拟实验结果也证明了这一点。当然，方案 3.1 的虚警率对于分组内篡改的数据项的数量要比方案 3.2 更为敏感，在篡改率更高的环境中性能稍弱。从实验结果来看，尽管两个方案的虚警率都较高，但也比原有的分组方案有了较大的降低。

本 章 小 结

对数据流进行分组是基于水印的无线传感器网络的认证方案的常用方法，而这类常规的分组方案在组的层级上验证数据具有实际虚警率高、分组不够稳健等缺点。本章先后提出两个基于双向分散和统计检测的能认证个体数据项的水印方案，其可为无线传感器网络中的流数据提供完整性认证。两个方案最大的优点是都能以与此前的分组水印方案相似的开销实现数据项层级的认证，在保证漏检率不升高的同时大大降低了虚警率，并克服了分组标记易受攻击的缺点。

两个方案的流程与性能都比较接近。相比之下，方案 3.2 具有更稳定的性能，并且方案 3.2 在嵌入水印时，不缓存当前数据项以外的其他数据项。尽管缓存队列所需的存储空间与方案 3.1 缓存分组接近，但方案 3.2 中传感器结点在操作数据时产生的时延要小于方案 3.1，因此可以获得更加流畅和平滑的数据流。

当然，两个方案的分散策略都只能在有限的处理窗口中开展，即一个长度为 N 的分组或队列，因此在面对篡改时，一旦篡改率升高仍然有较高的虚警率。如果增大分组或队列的长度，使认证信息的分散能在更大的窗口中进行，将会大大降低虚警率，但过大的分组又会增大存储开销和时延，因此需要根据实际应用灵活选择。

第 4 章　可逆的无线传感器网络水印认证方案

4.1　水印与消息验证码的比较

无线传感器网络可以将传感器结点部署到某个监测环境中，因此可以广泛应用于各种类型的数据采集和监控中，其典型的应用有军事监控、环境监测与预报、医疗护理及智能家居等。而对于诸多的实际应用，数据完整性与数据源的认证都是传感器网络中的核心安全需求。

本书第 2 章对现有的无线传感器网络流式数据认证方案进行了综述，显然所有方案都具有相同的密码学框架，即根据数据流生成认证信息，再将认证信息通过某种方式与数据流一起传输给接收者。传统的安全协议[51-53]多采用 MAC 的方式，即在数据流中附加认证信息；而基于水印的认证方案[23,25,55-57]则将认证信息嵌入原始数据流中。

显然，基于 MAC 的方法不会修改原始数据流，但会增加额外的传输数据量。而无线传感器网络通常有着严格的能量限制，传感器结点通常只携带能量有限的电池，并且在很多应用环境中电池不能被更换或者补充，结点的能量关系到部分网络甚至整个网络的寿命。而 Estrin 在 2002 年 The Annual International Conference on Mobile Computing and Networking 会议上的报告[7]显示，在 100m 的距离上传输 1bit 信息所消耗的能量大致与执行 3 000 条计算指令相等。因此，对于实现无线传感器网络的安全而言，额外增加信息的传输并不是一个明智的做法。

基于水印的方法并不增加额外的传输数据量，因此对于整个传感器网络而言，在无线通信上的能量消耗并不因为添加水印而增加，这也是水印技术与无线传感器网络数据认证互相适应的最大优势。当然，在数据流上嵌入水印势必修改原始数据。通常情况下，这种轻微的修改（如对最低有效位的修改）并不影响数据的实际使用价值。然而，当我们面对一些敏感的传感器网络的实际应用（如军事或者医疗上的应用）时，这些应用对于原始数据有着极严格的要求，对原始数据流的修改，哪怕是 1bit 的修改都是不可接受的。因此，在无线传感器网络的数据认证中，水印方案和 MAC 方案有着各自的优势和缺点。

本章提出了一种可逆的基于预测误差扩展的无线传感器网络水印认证方案，该方案通过经典的可逆水印技术将认证信息嵌入数据流中，避免了额外的传输数据的产生，同时在接收端可以恢复原始数据流，满足了某些特殊应用对原始数据的需求。

4.2 可逆图像水印

4.2.1 可逆图像水印概述

数字图像的可逆水印也称为无损水印，是指水印信息将以一种可恢复的形式嵌入数字图像中。可逆指的是嵌入水印后的图像仍然可以移除嵌入的水印信息，从而恢复原始图像。Barton[65]在 1994 年最早提出了可逆水印的方案，方案简单地将承载水印的比特与待嵌入的水印比特一起进行压缩，并放回原来的空间，而水印则可以通过对这些比特解压进行恢复。Fridrich 等[66]则发展了这种基于压缩的可逆水印技术，增加了水印的容量。

Tian[61]提出了经典的基于差值扩展的可逆水印算法。所谓差值，指的是两个相邻像素点之间的像素值之差，因为数字图像存在大量的冗余，所以通常情况下这个差值并不大。将差值左移一位并嵌入水印比特，得到扩展后的差值。通过两个像素的均值与扩展后的差值，可以得到嵌入水印后的两个像素的值，而差值的扩展量则均匀地分布到两个相邻像素中。差值扩展的方法利用了数字图像相邻像素相差不大的特点，而嵌入水印后的两个像素保持均值不变，因此维持了较高的图像质量，并且水印的嵌入可以反复进行以提高水印容量。

经过了广泛的研究，有学者已经提出了大量的数字图像可逆水印[67-72]。这些水印方案在某种角度上仍然按一定的顺序处理每一个像素，多个像素的连续处理也形成了某种程度上的数据流。并且，数字图像的相邻像素之间的相关性往往也存在于采集自某个环境的传感器数据流。因此，可以将图像的可逆水印方案应用到无线传感器网络中。当然，图像水印可以获取图像的全部信息，并且在传输之前还能对图像进行反复处理。这些是传感器结点在嵌入水印时所不具备的，因此图像的可逆水印不能直接应用于传感器网络。

4.2.2 基于预测误差扩展的可逆水印

Thodi 和 Rodriguez[73,74]提出了一种基于预测误差扩展和灰度图平移的灰度图像可逆水印算法。算法通过图像中像素点的相邻像素来对其灰度值进行估算，得到像素点的预测值。自然图像中绝大多数的相邻像素点之间存在较大的相关性，因此像素点的预测值与实际灰度值往往差距不大。1bit 的水印通过扩展预测误差，即预测值与实际值的差值来进行嵌入，而这个过程是可逆的，因此嵌入水印后的图像可以恢复。

图像的像素点的灰度值记作 x，其预测值记作 $\hat{x}$，因此预测误差为

$$\mathrm{Pe} = x - \hat{x} \tag{4.1}$$

将嵌入 1bit 水印记作 w，则将预测误差 Pe 写成二进制形式，并向左平移一位，空出来的位置则嵌入水印比特。实现方式如下：

$$\mathrm{Pe}' = 2 \times \mathrm{Pe} + w \tag{4.2}$$

然后，用预测误差与预测值的和取代像素原有的灰度值，完成水印 w 的嵌入，即嵌入水印后的像素灰度值记作 x'。

$$x' = \hat{x} + \mathrm{Pe}' \tag{4.3}$$

水印的提取首先以相同的方式得到像素的预测值 $\hat{x}$，再计算预测误差如下：

$$\mathrm{Pe}' = x' - \hat{x} \tag{4.4}$$

注意，在式（4.2）与式（4.4）中的预测误差 Pe' 是相等的，均为扩展嵌入水印后的预测误差。

显然，水印比特 w 就是预测误差 Pe' 的最低有效位，而像素的原始灰度值的恢复也可以通过恢复预测误差来实现，即

$$x = x' - \left\lfloor \frac{\mathrm{Pe}'}{2} \right\rfloor - w \tag{4.5}$$

需要注意的是，本算法的应用需要在数字图像中遵循一个严格的扫描顺序，这样才能确保在水印嵌入端和提取端都得到相同的像素预测值。并且，依照某种顺序扫描图像，像素点将以序列的形式被处理，因而完全可以视为数据流，这也是本章在无线传感器网络中使用可逆水印的原因之一。

4.3　基于预测误差扩展的无线传感器网络水印认证方案

4.3.1　方案概述

本章讨论的仍然是一个与第 3 章类似的简化的无线传感器网络，该网络由 3 种不同的结点构成：传感器结点、中间结点和汇聚结点。传感器结点周期性地采集数据，嵌入水印之后通过中间结点转发，最终数据到达汇聚结点，并在汇聚结点实现对水印的提取检测及原始数据的恢复。因此，在不考虑数据融合的前提之下，可以认为每个传感器结点都有一条到达汇聚结点的数据流。尽管在实际应用中，传感器

结点通常会根据其实施的数据链路层协议将多次采集的感知数据打包发送，但本节方案（记作方案4.1）将在应用层考虑认证的问题，从而具有更广的适应性。

假设传输的数据为数值型数据，且数据流被视为无限的并记作S，传感器结点的每一次采集都得到一个数据项s_i。本章只考虑数据项s_i中的感知数据d_i，而时间戳不再作为认证方案中不可缺少的一环。

可逆水印方案概述如下：传感器结点首先对数据流S进行分组，连续的两个分组组成一个认证组，认证组不可重叠。在认证组中，第一个分组用来生成水印，第二个分组用来承载水印，因此水印通过第一个分组的感知数据计算产生，并嵌入第二个分组中。水印的嵌入借鉴了数字图像中的可逆水印方案，通过扩展数据的预测误差来实现。当数据到达汇聚结点时，首先同步分组，然后通过认证组中的两个分组来验证数据并最终恢复原始数据。

4.3.2　方案细节描述

1. 分组

方案4.1将采用在链式方案[23]中使用的动态分组方法，即每个分组中数据项的个数是不定的。当数据流中出现了一个新的数据项s_i时，首先计算其感知数据d_i的Hash值h_i，Hash值的计算有预先设置的密钥参加。如果数据项s_i的Hash值h_i满足以下条件：

$$h_i \bmod m == 0 \tag{4.6}$$

那么该数据项将被定义为数据流的同步点，其中m为分组参数，决定了分组的平均长度。而从同步点之后的第一个数据项一直到下一个同步点则构成了一个数据分组。

方案概述中已经提到一个认证组由两个数据分组构成，前者称为水印生成组，后者称为水印承载组。对于数据流的两端而言，水印生成组的数据不发生变化，因此Hash值也不会发生变化，分组能正确同步；而水印承载组需要根据嵌入水印后的感知数据d_i'来计算Hash值，才能确保数据流两端分组同步。

如图4.1所示，阴影的数据项s_a、s_b与s_c即为3个连续的同步点。从s_{a+1}到s_b则构成了一个数据分组，从s_{b+1}到s_c则构成后续的数据分组。这两个数据分组组成一个认证组，而第一个分组$s_{a+1}, s_{a+2}, \cdots, s_b$即为水印生成组，第二个分组$s_{b+1}, s_{b+2}, \cdots, s_c$即为水印承载组。

2. 水印的生成

水印通过对认证组中第一个分组的数据进行计算产生。将水印生成组中的每

个数据项感知数据 d_i 的 Hash 值 h_i 做按位异或，异或的结果为水印，记作 w，即

$$w = h_{a+1} \oplus h_{a+2} \oplus \cdots \oplus h_{b-1} \oplus h_b \tag{4.7}$$

水印 w 的二进制形式为 $b_n b_{n-1} \cdots b_1$，这 n bit 的数据将被嵌入第二个分组中。

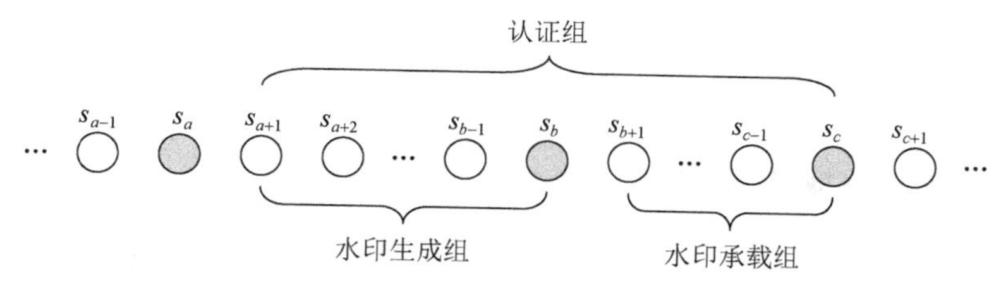

图 4.1　分组模型

3. 感知数据的预测

我们将利用 Thodi 和 Rodriguez[73,74]提出的预测误差扩展技术来实现水印的无损嵌入。预测将利用数据之间的相关性，而预测的准确性也将直接影响预测误差的长度。预测误差越小，数据的改变就越小，水印的透明度就越高。显然，对于传感器所采集的某个环境的监测值，它的变化也是渐进的，每个数据项的感知数据的值与前后数据项相差很小。而对于流式数据，我们缺少对数据整体的了解，只能利用已发送的数据项的感知数据均值来预测当前数据项的感知数据的值。

当认证组中的第一个数据项 s_a 可用时，预测就开始进行。当然对于 s_a，其感知数据的预测值就等于自身，因此预测只在一个认证组中生效。对于认证组中的任一数据项 s_i，除第一个数据项以外，其感知数据 d_i 的预测值，记作 $\hat{d}_i$，为自身与其签到数据预测值 $\hat{d}_{i-1}$ 的均值。

$$\hat{d}_i = \overline{d}_i = (d_i + \overline{d}_{i-1})/2 = (d_i + \hat{d}_{i-1})/2 \tag{4.8}$$

由此可知，感知数据的预测与自身及前导数据项的预测值有关。也就是说，预测在与本认证组已处理的数据项皆有关的同时，又与最靠近自己的数据项关系最大，这确保了感知数据与其预测值十分接近。同时，除当前数据项以外，水印方案只需缓存部分计算结果（即预测值），而不是所有已处理的数据分组。

4. 水印的嵌入

在水印生成组，水印的计算及对当前数据项感知数据的预测同时展开。当缓存了水印承载组的数据项时，开始进行水印嵌入。

当数据项 s_{b+1} 被采集，即水印承载组的第一个数据项可用时，将嵌入水印 w 的第一比特 b_1。因此，若水印承载组有 k 个数据项，将共嵌入 k bit，每个承载组数

据项都将嵌入 1 个水印比特。显然，对于分组长度可变的方案，k 的值并不固定。如果 $k \leqslant n$，n bit 水印中只有 k 个能被嵌入；如果 $k > n$，将重复嵌入这 n 比特水印中的部分。

对数据项 s_i 进行水印嵌入，预测误差为

$$\mathrm{Pe} = d_i - \hat{d}_i \tag{4.9}$$

扩展预测误差并嵌入水印，则

$$\mathrm{Pe}' = 2\mathrm{Pe} + w \tag{4.10}$$

嵌入水印后的感知数据为

$$d_i' = \hat{d}_i + \mathrm{Pe}' \tag{4.11}$$

完成水印的嵌入后仍应该继续预测下一个数据项的感知数据，并等待下一数据项的到来。无论是水印生成组还是水印承载组，传感器结点都需要缓存当前数据项，记作 $\mathrm{Buffer}(s_i)$；而完成当前数据项的处理后，传感器结点除了保留一些参数外，还应将当前数据项清除，记作 $\mathrm{BufferClear}(s_i)$。

详细的水印生成与嵌入的过程由伪码表示。

水印编码的伪码如下：

```
while (stream S is not over) do
    Initialization;             //见 Algorithm 2
    while (stream S is not over) and (hi mod m≠0 ) do
        Generating;             //见 Algorithm 3
    end while
    while (stream S is not over) do
        Embedding;              //见 Algorithm 4
    end while
end while
```

对认证组第一个数据项的初始化的伪码如下：

```
Algorithm 2: Initialization
Buffer(si);
hi=hash(si,K);
H=hi;
ŝi =si;
BufferClear(si);
```

生成水印的伪码如下：

```
Algorithm 3: Generating
Buffer(si);
```

```
hi=Hash(si,K);
H=H⊕hi;
ŝi=(ŝi+si)/2;
BufferClear(si);
```

嵌入水印的伪码如下：

```
Algorithm 4:Embedding
w=LSB(H);
H=H/2;
Buffer(si);
Pe=si-ŝi;
Pe'=2×Pe+w;
ŝi=ŝi+Pe';
ŝi=(ŝi+si)/2;
BufferClear(si');
```

5. 水印的提取与验证

当添加水印后的数据项到达接收端时，汇聚结点首先以相同的方式即式(4.6)判断同步点，并且在提取水印之前至少缓存一个完整的数据分组。缓存数据分组的操作记作 BufferGroup(S)。

若缓存的是水印生成组，汇聚结点则根据每个数据项的Hash值计算水印，记作w_c，与此同时对下一个数据进行预测。若缓存的是水印承载组，则根据预测值计算预测误差提取每个数据项承载的水印，记作w_e，每比特记作w_{ei}。

计算预测误差：

$$\mathrm{Pe}' = d_i'' - \hat{d}_i \tag{4.12}$$

其中，d_i''为汇聚结点接收到的数据项s_i的感知数据。嵌入的水印比特显然就是预测误差的最低位，比较这个提取水印比特与计算水印的相应比特，若相等，则认为$d_i' = d_i''$，同时恢复原始感知数据。

$$d_i = d_i'' - \lfloor \mathrm{Pe}'/2 \rfloor - w_{ei} \tag{4.13}$$

若不相等，则认为存在篡改，而水印承载组后续的数据项也不再计算。如果对于所有的水印比特有$w_c = w_e$，则无论是水印生成组还是水印承载组都通过认证，整个认证组被判定为无篡改。与此同时，水印承载组的感知数据也通过式（4.13）计算恢复。

如果认证失败，认证组中的水印生成组将被判定为是篡改的，而水印承载组则继续留在缓存中，并与下一个数据分组一起构成一个新的认证组，重新进行水印的比较。这种方法被称为双重验证，如图 4.2 所示，认证失败的水印承载组将作为水印生成组在新的认证组中进行水印的计算。

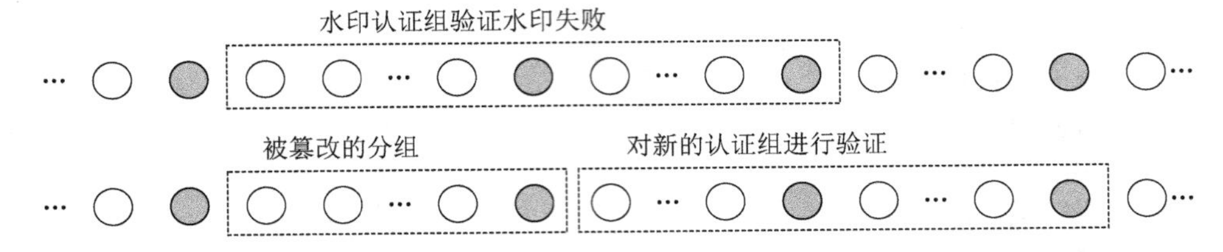

图 4.2　对水印承载组的双重验证

双重验证是为了应对可能出现的同步点异常。如果同步点因为攻击者的篡改或删除而丢失，或者攻击者注入了伪造的同步点，数据分组则会增多或者减少，水印生成组和水印承载组的关系则会被打乱。双重验证可以使分组在数据流的两端重新同步，使同步点异常带来的影响不延续到下一个正确的数据分组。

水印提取与验证的伪码如下：

```
Algorithm 5: Decoding
G1=BufferGroup(s);
While (stream G1 is not over) do
   Initialization;            //见 Algorithm 2
   while (stream G1 is not over) do
      Generating;             //见 Algorithm 3
   end while
   G2=BufferGroup(S);
   w=0; k=0;
   while(stream G2 is not over) do
      Pe' = s_i - ŝ_i ;
      w = LSB(Pe');
      w' = LSB(H);
      if (w ≠ w')
         break;
      end if
      s' = s_i - ⌊Pe'/2⌋ - w ;
      s' → G';
   end while
```

```
        if (w≠LSB_k(H))
            group G1 marked tampered;
            G1=G2;
        else
            G2=G';
            group G1G2 marked authenticated;
            G1=BufferGroup(S);
        end if
    end while
```

4.3.3 方案性能分析

1. 分组长度

方案采用动态分组方法，因此每个数据分组在长度上可能会不同；但其平均分组长度，记作L，只由分组参数m决定，并且决定了方案的性能。对于数据流中的每一个数据项s_i，其感知数据d_i的Hash值h_i可视为随机值，根据式（4.6），任一数据项称为同步点的概率为$1/m$。那么一个数据分组的长度为l的概率是

$$\frac{1}{m}\left(1-\frac{1}{m}\right)^{l}, \quad l \geqslant 1 \tag{4.14}$$

因此，数据分组的平均长度为

$$L=\sum_{l=1}^{\infty} l \cdot \frac{1}{m}\left(1-\frac{1}{m}\right)^{l}=m \tag{4.15}$$

2. 漏检率分析

认证方案的核心目标即鉴别篡改。我们讨论以下3种不同类型的篡改：插入一个新的数据项；删除一个数据流中存在的数据项；修改一个数据项的感知数据。对于每一种类型的篡改，需要根据篡改发生的地点（水印生成组还是水印承载组）及同步点是否被篡改分别进行讨论。

（1）插入一个新的数据项

假设一个新的数据项被插入水印生成组，其Hash值不满足式（4.6），即新的数据项不作为伪同步点的概率为$1-1/m$。此时，分组保持不变，水印将由水印生成组计算产生并与水印承载组提取的水印相比较。计算水印与提取水印每一比特都相同，整个认证组通过认证，漏检发生。篡改导致的Hash值变化是随机的，因

此每比特反转的概率为 1/2，而水印承载组的平均长度为 m ，显然漏检发生的概率，即计算水印与提取水印每一比特都相同的概率为 $1/2^m$ 。

而新的数据项将以 $1/m$ 的概率成为一个伪同步点。此时，原来的水印生成组将被划分为两个数据分组，称为伪水印生成组与伪水印承载组。只有当提取水印的每一比特都相等时漏检才发生，因此伪水印承载组的长度决定了漏检率。假设数据项的插入是均匀而随机的，则漏检率为

$$\frac{1}{m}\cdot\frac{1}{2^m}+\frac{1}{m}\cdot\frac{1}{2^{m-1}}+\cdots+\frac{1}{m}\cdot\frac{1}{2}=\frac{1}{m}\sum_{i=0}^{m-1}\frac{1}{2^{m-i}}=\frac{1}{m}\left(1-\frac{1}{2^m}\right) \tag{4.16}$$

如果新的数据项被插入水印承载组，那么它作为同步点的概率与插入水印生成组的情况相同。如果新数据项不是伪同步点，由于预测对前导数据的依赖，从插入的数据项起每一个数据项中提取的比特都有 1/2 的概率反转。因此，漏检的概率仍然由插入的位置决定。假设数据项的插入是均匀而随机的，则漏检率为

$$\frac{1}{m}\cdot\frac{1}{2^{m+1}}+\frac{1}{m}\cdot\frac{1}{2^m}+\cdots+\frac{1}{m}\cdot\frac{1}{2^2}=\frac{1}{2m}\sum_{i=0}^{m-1}\frac{1}{2^{m-i}}=\frac{1}{2m}\left(1-\frac{1}{2^m}\right) \tag{4.17}$$

如果新数据项成为伪同步点，那么在新的水印承载组中，唯一的篡改数据项位于整个认证组的最末，能体现鉴别作用的只有最后一个提取水印比特。因此，漏检率为 1/2。

最后，考虑到新数据项的插入在整个认证组中是均匀而随机的，综合以上各种情况，插入数据引起的漏检发生概率为

$$P_i=\frac{1}{2}\left(\frac{m-1}{m}\cdot\frac{1}{2^m}+\frac{1}{m}\cdot\frac{1}{m}\left(1-\frac{1}{2^m}\right)\right)+\frac{1}{2}\left(\frac{m-1}{m}\cdot\frac{1}{2m}\left(1-\frac{1}{2^m}\right)+\frac{1}{m}\cdot\frac{1}{2}\right)$$

$$P_i\approx\frac{2m+1}{4m^2} \tag{4.18}$$

（2）删除一个数据流中存在的数据项

如果攻击者删除了水印生成组的任何一个非同步点的数据项，那么水印承载组的所有提取比特将可以检测水印生成组的更改，因此漏检率为 $1/2^m$ 。如果攻击者删除的正是水印生成组的同步点数据项，那么两个数据分组将合并为一个，即原来的认证组将成为下一个认证组的水印生成组。显然，后续分组的提取水印比特无法匹配现有的错误的计算水印，漏检率仍然为 $1/2^m$ 。当然，这个错误的分组方式并不会延续，一旦由删除同步点产生的水印生成组被验证为是篡改的，则双重验证技术将使后续数据分组重新作为水印生成组进行认证。

如果攻击者删除的是水印承载组的任何一个非同步点的数据项，那么与插入

数据项的情况类似，漏检率取决于本组数据中删除数据项之后的数据项个数，漏检率为

$$\frac{1}{m}\cdot\frac{1}{2^{m-1}}+\frac{1}{m}\cdot\frac{1}{2^{m-2}}+\cdots+\frac{1}{m}\cdot\frac{1}{2}=\frac{1}{m}\sum_{i=1}^{m-1}\frac{1}{2^{m-i}} \tag{4.19}$$

如果攻击者删除的是水印承载组的同步点数据项，那么相邻的两个数据分组将会合并，因此后一个水印生成组将参与当前的水印生成组的认证。显然漏检率为$1/2^m$。

此外，水印承载组的同步点数据项被删除将导致后续认证组被验证为是篡改的，即使篡改并非发生在后续认证组。

总之，综合以上各种情况，漏检发生的概率为

$$P_d=\frac{1}{2}\cdot\frac{1}{2^m}+\frac{1}{2}\left[\left(\frac{1}{m}\cdot\frac{1}{2^{m-1}}+\frac{1}{m}\cdot\frac{1}{2^{m-2}}+\cdots+\frac{1}{m}\cdot\frac{1}{2}\right)+\frac{1}{m}\cdot\frac{1}{2^m}\right]$$

$$P_d=\frac{1}{2}\cdot\frac{1}{2^m}+\frac{1}{2}\left(\frac{1}{m}\sum_{i=0}^{m-1}\frac{1}{2^{m-i}}\right)$$

$$P_d=\frac{1}{2}\cdot\frac{1}{2^m}+\frac{1}{2}\cdot\frac{1}{m}\left(1-\frac{1}{2^m}\right)\approx\frac{1}{2m} \tag{4.20}$$

（3）修改一个数据项的感知数据

比起插入和删除，感知数据的修改更为复杂，它完全可以视为插入和删除的综合。首先，修改是否涉及同步点数据，这是需考虑的一个要点；其次，修改后的感知数据值是否满足式（4.6），从而成为伪同步点，这也是必须考虑的情形。

当修改发生在水印生成组时，若将非同步点数据项修改为伪同步点，则漏检率为

$$\frac{1}{m-1}\sum_{i=1}^{m-1}\frac{1}{2^{m-i}} \tag{4.21}$$

而除此之外其他所有可能的感知数据修改，其漏检率皆为$1/2^m$。

当修改发生在水印承载组时，若同步点数据项在修改后仍然是非同步点，则漏检率由位置决定：

$$\frac{1}{2(m-1)}\sum_{i=1}^{m-1}\frac{1}{2^{m-i}} \tag{4.22}$$

若同步点因感知数据的修改而消失，则会与后续的数据分组合并，此时的漏检率由后续数据分组即原来的后续认证组的水印生成组决定，漏检率为$1/2^m$。

最糟的情形是，当感知数据的修改产生了新的同步点数据项时，验证将只由

篡改的数据项所提取的 1bit 水印决定，因此漏检率为 1/2。当然，此种情形发生的概率不高，因此整体漏检率仍然与插入和删除数据项类似。

不同修改类型下的漏检率如表 4.1 所示。

表 4.1　不同修改类型下的漏检率

修改发生的位置	修改的类型	漏检率	修改的概率
水印生成组	非同步点→非同步点	$\frac{1}{2^m}$	$\frac{1}{2}\left(1-\frac{1}{m}\right)^2$
	非同步点→伪同步点	$\frac{1}{m-1}\sum_{i=1}^{m-1}\frac{1}{2^{m-i}}$	$\frac{1}{2m}\left(1-\frac{1}{m}\right)$
	同步点→非同步点	$\frac{1}{2^m}$	$\frac{1}{2m}\left(1-\frac{1}{m}\right)$
	同步点→伪同步点	$\frac{1}{2^m}$	$\frac{1}{2m^2}$
水印承载组	非同步点→非同步点	$\frac{1}{2(m-1)}\sum_{i=1}^{m-1}\frac{1}{2^{m-i}}$	$\frac{1}{2}\left(1-\frac{1}{m}\right)^2$
	非同步点→伪同步点	$\frac{1}{2}$	$\frac{1}{2m}\left(1-\frac{1}{m}\right)$
	同步点→非同步点	$\frac{1}{2^m}$	$\frac{1}{2m}\left(1-\frac{1}{m}\right)$
	同步点→伪同步点	$\frac{1}{2}$	$\frac{1}{2m^2}$

最后，综合以上各种数据修改的情形，漏检率为

$$P_m \approx \frac{1}{2m} \tag{4.23}$$

（4）更多的篡改

如果一个数据认证组中有多个数据项被篡改，那么漏检率基本保持不变，这是由于漏检率只由篡改的多个数据项中的一个决定。若篡改的发生不影响认证组的两个同步点，则只要水印生成组发生了篡改，漏检率仍然为$1/2^m$；而如果只有水印承载组发生篡改，漏检率由距离本组同步点最远的篡改数据项决定。若第一个同步点，即水印生成组的同步点消失，则漏检率为$1/2^m$，不受其他数据项的篡改的影响；若第二个同步点，即水印承载组的同步点消失，则其他数据项的篡改同样不影响漏检率，此时漏检率为$1/2^m$。若在水印生成组产生伪同步点，则漏检率由新的伪同步点的位置决定；若在水印承载组产生伪同步点，则漏检率由其他

篡改数据项决定。

总之，只要篡改不涉及同步点，那么发生在水印生成组的篡改导致的漏检将由其后的水印承载组的长度决定，漏检率为$1/2^m$。而仅发生在水印承载组的数据篡改只影响本组中后续数据的预测，因此篡改数据项距离本组同步点越远，漏检率越高，在最坏情况下，漏检率将增大到 1/4。若篡改抹去了现有的同步点，则漏检率仍然保持为$1/2^m$，但本认证组的最后一个同步点的消失将导致下一个认证组无法通过认证，而无论其是否发生篡改。若篡改导致伪同步点的产生，则对漏检率的影响取决于伪水印承载组的长度。

经过以上分析不难发现，若篡改不影响分组，对于水印生成组的篡改的检测漏检率很低，而对于水印承载组的篡改的检测则漏检率会根据篡改的位置而增大，这是方案 4.1 的一个不足之处。如果分组受到影响，则决定漏检率的关键因素是水印检测时实际水印承载组的长度。

3. 虚警率分析

在方案 4.1 中，虚警也就是未篡改的认证组被验证为被篡改只发生在数据流两端不能正确同步的情形中。

首先，如果两个认证组的边界同步点，即水印承载组的同步点数据项丢失，那么后继认证组将直接被验证为是篡改的，而不论其是否被篡改。图 4.3 显示了这种虚警发生的情形，虚警率直接与这个边界数据项被篡改的概率相关。

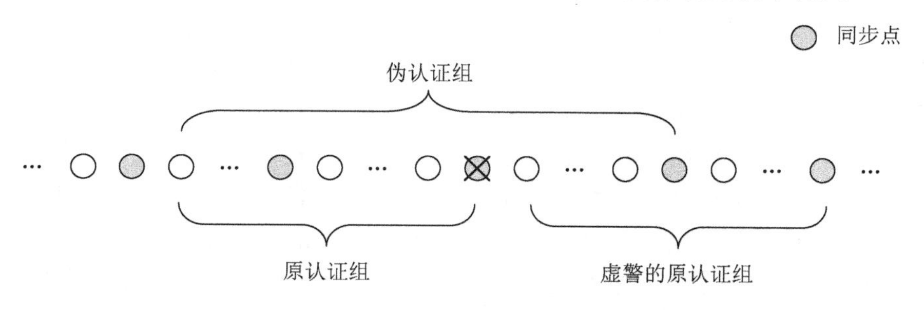

图 4.3　因边界同步点篡改引发的虚警

其次，某些篡改会导致下一个认证组的水印生成组与前一个认证组的错误的数据分组构成一个新的认证组进行验证。显然，如果原来的第二个认证组的水印生成组足够长，那么漏检的概率就很低。然而一旦漏检发生，即错误的认证组通过了认证，那么第二个认证组的水印承载组也将因为分组同步错误而误判为是篡改的，如图 4.4 所示。当然，这种虚警发生的概率很低。

当然，以上虚警判断的标准都是以一个认证组为单位的，如果以单个独立的数据项为标准，那么方案的虚警率将变得非常大。这是因为一旦认证组中的某个数据项被篡改，整个认证组的数据都会被验证为是篡改的，从而失去使用价值。这也是所有的基于分组的水印方案的缺陷，在第 3 章已经进行了探讨，在此不再累述。

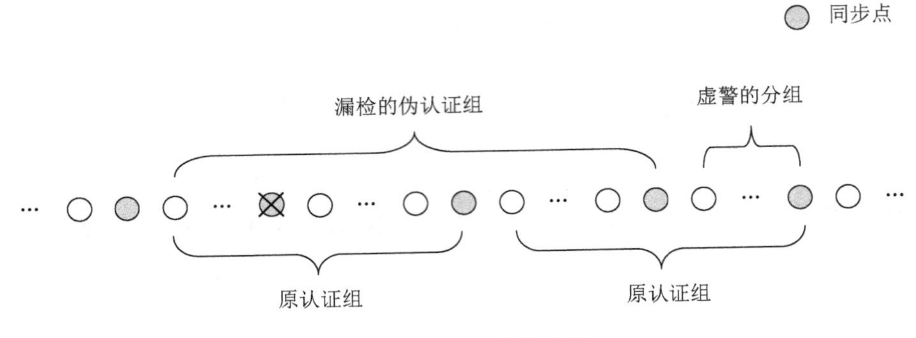

图 4.4　漏检引发的虚警

4. 分组的稳健性分析

在第 3 章已经分析过，所有基于分组的水印方案除了会导致大量数据项的虚警以外，还会由于不能正确地同步分组导致虚警在后续分组中扩散。因此，分组的稳健性也是影响所有分组方案性能的关键因素。

在链式方案[23]中，一个数据项被认为是标记一个分组结束的同步点，需要其 Hash 值满足式（4.6）的同时，分组的长度已经大于一个预设的阈值（即最短分组长度）。这样做保证了每个数据分组的长度不会小于最短分组长度，也就确保了漏检不会因为过短的水印承载组而发生。

然而，这个限制最短分组长度的阈值带来了一些可能影响多个分组同步的问题。显然，根据链式方案[23]中的同步点的判定条件，一个数据分组中可能存在多个数据项均满足式（4.6），然而只有一个满足最短分组长度限制的数据项是真正的同步点。如果某些特定的篡改发生，如同步点丢失，那么原本满足式（4.6）但不满足最短分组长度限制的数据项很可能成为新的伪同步点。分组同步错误的扩散如图 4.5 所示。更重要的是，原有的后续同步点将因为分组的错误同步而不满足最小分组长度阈值，这种同步的错误可能会持续多个分组，甚至一直持续。

轻量级方案[56]中使用固定分组方法，即通过在原有数据项中添加一些特殊的表示分组的字段来帮组数据流两端同步分组。尽管这个分组标记字段很小，但仍然增加了传感器结点的传输能量消耗。更重要的是，一个暴露的分组字段更容易被恶意攻击者追踪进而攻击，从而导致分组同步失败。因此，这种分组方法为整个水印方案引入了脆弱的环节，安全性不及可变分组方法。

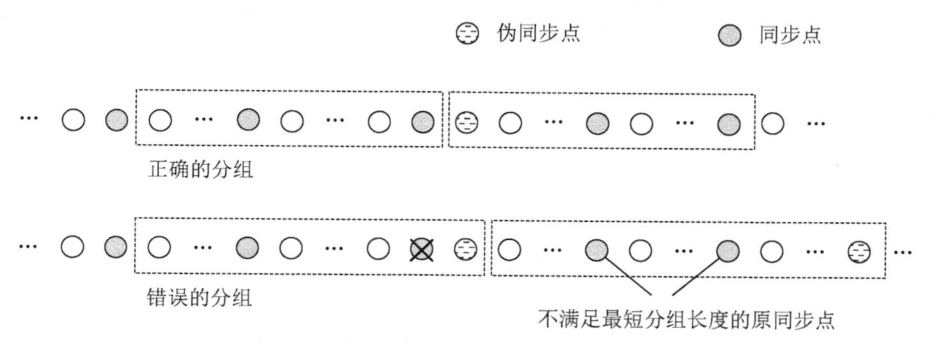

图 4.5　分组同步错误的扩散

本章提出的方案中只通过感知数据的 Hash 值来判断同步点，而 Hash 值的计算有密钥的参与，因此攻击者不可能轻易地判断同步点，每个数据项被攻击的概率是均等的。事实上，同步点对于方案的性能有比其他数据项更为重要的作用，与同步点相关的某些篡改将使漏检率高达 1/2，或者导致后继认证组被误判。正是秘密的 Hash 运算确保了攻击者无法追踪同步点，因而只能实施随机的攻击。并且，即使在同步点被篡改的情况下发生了同步错误，方案使用的双重验证的机制也能保证分组同步的错误不会发生图 4.5 所示的扩散。

5. 开销分析

为了实现认证，必然会增加开销。如果将算术运算、逻辑运算及位运算都视为轻量级的运算，那么方案在计算上唯一显著增加的便是 Hash 函数的运算。然而和其他密码学相关技术如公开加密或者对称加密相比，Hash 函数复杂度最低，能量消耗也最少，因此计算上增加的开销是合理的。

在存储方面，发送端即传感器结点仅存储当前数据项，以及一些水印计算或与嵌入相关的参数，与此前的缓存整组甚至多组数据的方案相比在存储方面的开销大大减小了。当然，在验证水印的汇聚结点处，仍然需要缓存整个认证组，才能进行验证，但汇聚结点通常具有更多的资源，因此符合无线传感器网络的特点。

在通信方面，本章方案不增加任何额外传输的数据，因此没有额外的通信开销。当然，这几乎是所有水印方案的共同优点。

总之，所有为了实现认证的额外开销都是可接受的。

6. 服务质量分析

对与传感器结点而言，方案几乎不产生因为缓存数据而造成的时间延迟。

如数据项为水印生成组，传感器结点只需缓存其 Hash 值的按位异或的结果及预测所需的均值，完成这两项计算数据项就可以发送。如数据项为水印承载组，完成水印嵌入即可发送。显然，传感器结点的时延是相当低的，数据流也是平滑的。

当然，汇聚结点验证水印仍然会产生时间延迟，这是因为需要等到整个认证组都进入缓存，认证才能完成。总体来说，仍然用接收端的时延来取代发送端的时延，从而保证了整个网络的流畅运行。

与其他水印方案相比，本章提出方案的透明度会略有下降。毕竟，基于最低有效位替换的水印方案在嵌入水印后与原始数据相比最多只有 1bit 的区别。然而，本章的方案是可逆的，原始数据是可以恢复的，即使传输中的数据水印透明度略有下降，也不会影响数据的使用价值。

7. 可扩展的位置分析

对于图像的预测误差扩展方案[74]，如果数字图像的每个像素的灰度有 Z 阶，那么每个像素点在嵌入水印之后，像素值仍应在 0 和 Z 之间，这个像素点的位置就称为可扩展的。在图像的可逆水印方案中，可扩展的位置需要事先扫描整个图像进行计算，水印的嵌入也只在可扩展的位置进行。

对于实时采集的流式数据而言，传感器结点没有对数据流的完整了解，也不可能通过存储来对其进行预判断，因此掌握精确的数据流的可扩展位置并不现实。而且，即使得到了可扩展位置，嵌入数据流也是一个极大的负担。不过幸运的是，传感器结点采集的是某种环境特征，这种特定的数值往往只在一个较小的范围内浮动。例如，一天内的温度变化，它几乎不可能达到传感器网络为温度这个数值设计的极限值，这与数字图像有着本质的区别。通过均值来预测是一个合理又低成本的获取预测值的方式，通常预测误差不大，嵌入水印后的数据不会超越该数值的合理表达范围。因此，可以认为无论是向上溢出还是向下溢出都不太可能发生。如果真的发生溢出，因其概率极低，也无须为其设计专门的解决方案，只需要调用原有传感器网络对异常数据的处理程序即可。

4.4 模拟实验

4.4.1 实验设置

本节将通过 Matlab 模拟实验来验证无线传感器网络中可逆水印方案的性能。实验所用原始数据流与第 3 章相同，来自 Intel Berkeley 研究实验室所部署的真实的无线传感器网络。以此网络中，传感器结点被部署来周期性地采集带时间戳的湿度、温度、光照强度及电压。

每次实验的数据流都有 10 000 个数据项，来自某个传感器结点的连续 10 000 次采集。我们对原始数据进行一定的预处理，去掉明显错误的数据，且只保留了 4 种采样数据中的一种。最终，每个实验数据流都来自某传感器结点对某种环境特征（如温度）的连续 10 000 次采集，并且每次实验都采用不同的数据流。

实验测试方案对篡改的检测采用漏检率和虚警率指标。篡改包括插入新数据项、删除数据项和修改数据项的感知数据这 3 种类型，每次实验将独立地使用这 3 种篡改方式中的一种篡改数据。我们用篡改率 r 修改数据流，那么每个实验数据流中将有大约 10 000r 个数据项被篡改。为了测试不同的参数，即分组参数 m 与篡改率 r 对方案的影响，将针对这两个参数分别进行实验，而每组实验只测试一个参数变化所带来的影响。实验针对 3 种不同类型的篡改分别进行，每个参数的实验结果都来自于上百次重复的结果。

4.4.2 实验结果

由图 4.6 可以看出，在 3 种不同类型的篡改下方案的漏检率与分组参数 m 的关系。显然，随着分组参数的增大，漏检率大幅降低了，实验结果与理论分析吻合。漏检率在很大程度上由水印承载组的长度决定，而 m 越大则数据分组的平均长度就越大。对于 3 种不同的攻击方式，方案的漏检率总体是比较接近的。当然，插入新数据项引起的漏检最多，这主要是因为插入攻击会引入伪同步点，并缩短水印承载组的长度，而删除攻击不会出现这样的情况。修改可视为删除和插入的结合，其漏检率也就居于两者之间。

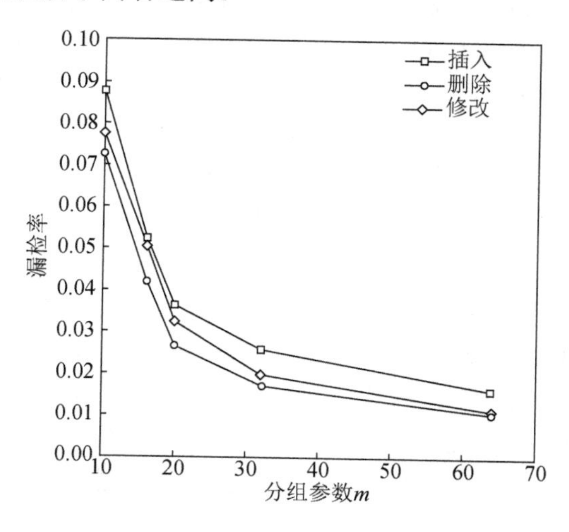

图 4.6　不同分组参数 m 下的漏检率

图 4.7 则显示无论何种形式的篡改，漏检率对篡改率 r 并不敏感。尽管一开始随着篡改率的增大漏检率有轻微的升高，但很快就保持在一个稳定的水平。甚至漏检率还随着篡改率的增大有了轻微的降低。这与理论分析的结果相似，若篡改率的增大使更多的认证组被篡改，显然漏检率会升高；但若篡改率的增大使每个分组中更多的数据项被篡改，则篡改只会更容易被检测出来。

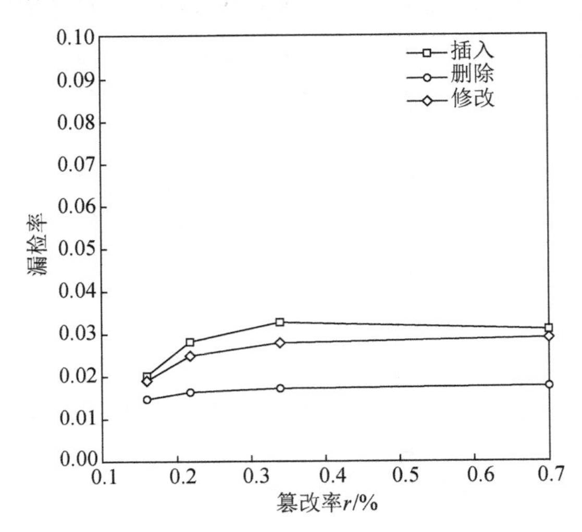

图 4.7　不同篡改率 r 下的漏检率

虚警的产生通常来自同步点的篡改，如同步点的丢失或者产生了新的伪同步点。图 4.8 显示不同分组参数 m 下虚警率与图 4.6 中的漏检率的变化趋势基本相同，两个指标均随 m 的增大而降低。分组长度的增大确实使篡改涉及同步点的概率减小了，但需要注意的是，尽管漏检率和虚警率均随着分组参数 m 的增大而降低，但在实际应用中也不可能采取过大的 m。分组参数 m 增大，则平均分组长度增大，若分组被验证为是篡改的，不可用的数据也就增大了。若分组参数 m 过大，尽管漏检率与虚警率都降低，但可用的数据将会大大减少，认证也就失去了使用的价值。

图 4.9 显示虚警率对篡改率同样不敏感，随着篡改率的增大，虚警率一开始有轻微的升高，然而很快就出现了降低的趋势，并一直延续这种趋势。这是因为，随着篡改率的增大，未被篡改的认证组越来越少，虚警率也就相对降低了。若篡改率到达一定的程度，则几乎不存在未被篡改的认证组，当然虚警也就不会发生了。然而，这也意味着传输的绝大多数数据将无法通过认证，方案也就失去了使用价值。

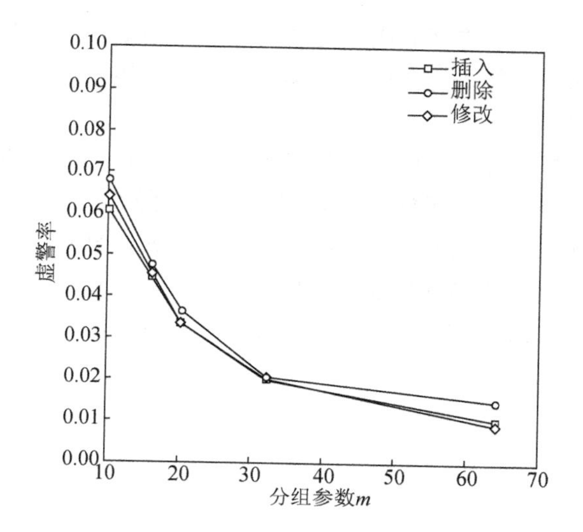

图 4.8　不同分组参数 m 下的虚警率

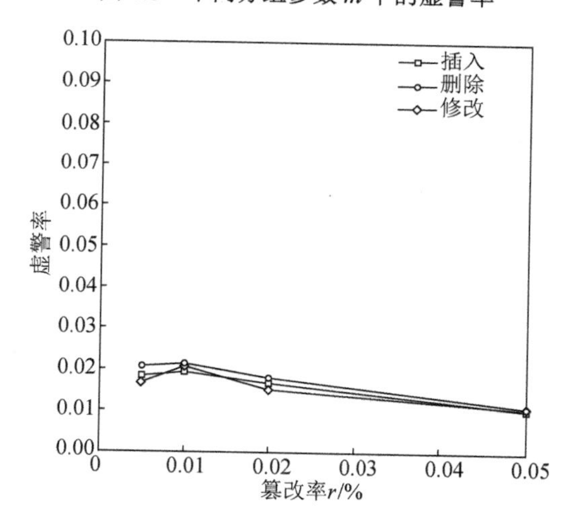

图 4.9　不同篡改率 r 下的虚警率

本 章 小 结

基于数字水印的无线传感器网络认证方案将认证信息嵌入原始数据流，不增加额外的传输数据，使认证的实现不增加额外的传输能量开销，这是水印方案最大的优点。但水印必然修改原始数据，这对一些敏感的应用是不合适的。本章结合了经典的数字图像可逆水印算法，提出了基于预测误差扩展的可逆的无线传感器网络水印认证方案。该方案利用了无线传感器网络数据流的相关性，通过扩展感知数据与其预测值之差的方式嵌入水印比特，使汇聚结点在实现水印验证的同时还能恢复原始数据。

理论分析与模拟实验均证明该方案能够在实现认证的同时恢复原始数据。该方案中漏检率和虚警率均随着分组参数 m 的增大而降低，受篡改率的影响不大。但考虑到过大的分组会降低方案的实际使用价值，m 的取值应考虑一个平衡。本章所采用的方案的分组方式具有较高的稳健性，实现认证的开销完全可以接受，并且水印的嵌入方式保证了数据流的实时性几乎不受影响。

第 5 章　基于 Patchwork 算法的无线传感器网络稳健水印方案

5.1　常见的针对稳健水印的攻击

数字水印根据其稳健性可分为脆弱水印和稳健水印。脆弱水印对篡改敏感，因此常用来检测水印载体的完整性；稳健水印对于攻击有较强的抵抗能力，因此常用来存储版权信息，使其不易被常见的信号处理手段抹去，起到版权保护的作用。

无线传感器网络的应用极为广泛，对其传输的数据流而言，不仅有完整性与源鉴别的需求，还存在隐藏某种不易被抹去的关键信息的需要。例如，对某些特定环境进行监测的无线传感器网络，其数据具备一定的商业价值，将版权信息通过稳健水印嵌入数据流就显得十分必要。

传感器网络中传输的数据流在数据之间存在较大的冗余，这和数字图像有相似之处，这也是我们可以大量借鉴数字图像水印技术的一个原因。但流式数据与数字图像仍然存在显著的区别。首先，流式数据之间的冗余更多地体现在前后数据之间，而数字图像的某个像素则和其周围的像素都存在冗余。其次，对于无线传感器网络传输的流式数据而言，处理窗口总是有限的，这和总是能得到数据全貌的数字图像有着本质的区别，在水印的嵌入上难度也更大。最后，两者面临的主要攻击手段也是有差异的。数字图像的稳健水印面对的主要是裁剪、压缩及各种滤波等攻击方式，而对于在无线传感器网络中传输的数值型数据流，其稳健水印通常可能遭遇以下几种攻击方式。

1）截取，即从无尽的数据流中截取部分片段。

2）采样，以某种采样率均匀地选取数据流中的数据项形成新的采样数据流。

3）删除，数据流在传输过程中因为主动攻击或者网络环境丢失部分数据项。

4）注入，在数据流中插入伪造的数据项。

5）修改，以各种方式修改数据项的感知数据或时间戳。

6）均值，用一定时间内感知数据的均值来取代这一段数据流。

显然，这与数字图像可能遭遇的攻击有着显著的区别。尽管各有不同，但这些攻击的目标是一致的，即在不影响数据使用价值的前提下破坏其隐藏的水印信息。因此，我们仍然可以借鉴现有的数字图像的稳健水印技术。

本章提出了基于 Patchwork 算法的无线传感器网络 1bit 稳健水印方案，并对其进行了改进。这些方案利用了数字图像的 Patchwork 算法的核心思想，在传感器结点产生的数据流中选出成对的块，通过对感知数据数值的修改，改变这两块数据差值的统计特征，实现水印的嵌入。汇聚结点则通过对这些嵌入水印的块的统计特征的识别来检测水印的存在。本章中提出的稳健水印方案与本书第 3 章、第 4 章中提出的用于无线传感器网络中数据流认证的脆弱水印方案有着本质的区别。

5.2　Patchwork 算法

Bender 等[75]于 1996 年提出了数字图像的稳健水印算法——Patchwork 算法。Patchwork 算法利用了数字图像的统计特征：在图像中随机选取的两个像素点的差值呈现以 0 为中心的高斯分布。Patchwork 算法随机选取一定数量的像素点形成一个像素块，称为 Patch，意为补丁，而两个 Patch 的像素差值的期望为 0。水印的嵌入只需改变两个 Patch 的像素点差值的期望即可实现。Patchwork 算法就像在原始图像上打上若干个补丁，这些补丁具有不同于图像其他地方的统计特征，只要能识别这些补丁即可检测到水印。

5.2.1　经典 Patchwork 算法

在数字图像上随机地选取两个块，记作 A 和 B，每个块包含 N 个像素点。需要注意的是，在这里所谓的块并非一定是由相邻的像素形成的块，它也可能是由随机选择的一些像素点形成逻辑上的块。如果像素点的选取是均匀而随机的，以及每个块的像素点的数量足够大，则 A 与 B 的像素差值的均值（记作 α ）为 0，即差值的期望为 0。

$$\alpha = \frac{1}{N}\sum_{i=1}^{N}(a_i - b_i) = 0 \tag{5.1}$$

其中，a_i 与 b_i 分别为块 A 与块 B 的第 i 个像素点的值，且 $1 \leqslant i \leqslant N$ 。

嵌入信息，则在增加块 A 中所有像素点的值的同时，减少块 B 中所有像素点的值，扩大两块像素点的差值，从而在保持图像平均像素值不变的前提下改变差值的均值。

$$\begin{aligned} a_i' &= a_i + \delta \\ b_i' &= b_i - \delta \end{aligned} \tag{5.2}$$

其中，δ 为一个较小的常数值；$1 \leqslant i \leqslant N$ 。

水印的检测则通过对两块像素点差值的统计来实现。首先通过相同的方式在图像中选取两个像素块 A 和块 B，然后计算两个块的像素差值的均值。嵌入水印后，图像中两块像素的平均差值记作 α'。

$$\alpha' = \frac{1}{N}\sum_{i=1}^{N}(a_i' - b_i') \tag{5.3}$$

结合式（5.2）与式（5.3），可得

$$\alpha' = \frac{1}{N}\sum_{i=1}^{N}(a_i + \delta - b_i + \delta) = \frac{1}{N}\sum_{i=1}^{N}(a_i - b_i) + 2\delta = 2\delta \tag{5.4}$$

在 N 值较大时，两块像素点差值的均值为 2δ。通过检测 α' 值的大小则可判断水印是否存在。

显然通过两个像素块只能区分是否嵌入水印，即水印的容量只有 1bit。要想嵌入更多的水印信息，则需要在图像上选取更多的块。

Patchwork 算法是可逆的，即原始图像可以通过对两个块的像素点进行反向修正来恢复，这对于对原始数据要求较高的应用有一定的价值。Patchwork 算法的安全性取决于两个块的选取，即使在已嵌入水印的图像上任意选取两块，其像素值之差的均值也同样为 0。因此，块的选取通常需要通过密钥来控制，这是算法安全性的关键。

5.2.2　Patchwork 算法的发展

经典 Patchwork 算法使用模运算在解决像素点的值由于加减操作[即式(5.2)]所引起的越界问题的同时也带来了新的问题。首先，模运算使像素值发生了突变，表现在图像上则是椒盐噪声的出现；其次，像素值的突变会改变两个像素点的差值，从而影响对平均差值的统计结果。

De Vleeschouwer 等[76]改进了 Patchwork 算法，使其成为一种双射变换的环形演绎，较好地克服了以上问题。将一个块内的像素点均匀而随机地分成两个子块 A 和 B，每个子块的像素值映射到一个圆上。圆周的每个位置代表不同的像素值，质量为该像素值在子块中出现的次数，而圆的质心则用来取代灰度均值。每个子块的圆心到质心之间形成一个矢量，显然两个子块的矢量应该基本重叠。嵌入 1，则逆时针旋转子块 A 的矢量，顺时针旋转子块 B 的矢量，旋转角度固定；嵌入 0，则反向旋转两个矢量相同的角度。水印的提取则通过比较两个块矢量的夹角来进行。环形演绎的方法用子块中像素值出现的次数取代均值，因而避免了水印修改像素值操作对统计结果的影响。而通过将像素值交替映射而不是顺序映射到圆上，则可以避免椒盐噪声的出现。

Ni 的方法[77,78]则静态地在一个图块中划分子块，即将一个图块中的像素点均匀且不重叠地划分成两个大小相同的子块 A 和子块 B，保证子块 A 与子块 B 中的像素点总是相邻。因为数字图像的相关性，相邻像素点之差通常是微小的，因此子块 A 与子块 B 的像素平均差值应该非常接近于 0。嵌入 0，则将子块 A 与子块 B 的像素平均差值保持在某个阈值范围内，而嵌入 1，则将子块 A 与子块 B 的像素平均差值移动到阈值范围以外。此方法对 JPEG 格式的图像的压缩有较强的抵抗性，并根据原始像素平均差值的分布以不同的方式处理图像，避免了椒盐噪声的产生。

此外还有大量的研究[79-82]是在 Patchwork 算法的基础上做了某个方面的进化与发展，但总体来说，这些方法尽力提高了水印对抗各种图像压缩或处理方法的稳健性，以及图像的峰值信噪比。峰值信噪比可用来衡量嵌入水印后图像的视觉效果。而对于数值型数据流，稳健水印面临的攻击方式是完全不同的，原始数据对透明度的要求也是不同的，因此这些研究并不适用于无线传感器网络的数据流。

5.3　无线传感器网络的 1bit 稳健水印方案

5.3.1　方案概述

本章所讨论的网络模型与第 3 章类似，仍然是一个传输数值型数据的无线传感器网络。其中，传感器结点采集数据、嵌入水印，再通过其他结点进行传播；数据项形成数据流抵达汇聚结点被验证，如有必要，原始数据可以在汇聚结点被恢复。

我们仍然假设从传感器结点到汇聚结点的一条无限的数据流 S，其数据项 s_i 来自于传感器结点的每一次采集，s_i 至少包含感知数据 d_i 及其时间戳 t_i。当然在本节的方案中，不再规定采样周期是否固定，时间戳的作用与第 3 章方案不同。

简单的稳健水印方案概述如下：传感器结点以概率 p 在数据流 S 中选出若干数据项作为水印的载体，入选的数据项根据其时间戳 t_i 与密钥被划分成两个组，记作 A 组与 B 组。A 组中每个数据项的感知数据增加一个较小的数值 δ，B 组中每个数据项的感知数据减少相同的数值 δ。显然，此方法只能嵌入 1bit 水印，即区分是否有水印的嵌入。汇聚结点以同样的方式选取载体数据项，再划分 A 组、B 组，并累加两组数据项感知数据的差值。如有必要，数据项在计算差值完成后就可以恢复原始感知数据。当统计的数据项达到一定的数量时，即可通过差值的均值来判断水印的存在。

5.3.2　方案细节描述

1. 水印的嵌入

当传感器结点完成一次采样，即数据流中产生一个新的数据项 s_i 时，则需根

据以下条件判断 s_i 是否为水印载体。

$$F(p,t_i,K_1) == 1 \tag{5.5}$$

其中，F 为判别函数；K_1 为选择密钥。若满足式（5.5），则对 s_i 进行水印嵌入。

对时间戳进行带密钥的 Hash 运算，根据 Hash 值将数据项 s_i 划入 A 组或者 B 组。

$$c_i = H(t_i, K_2) \tag{5.6}$$

其中，K_2 为分组密钥；c_i 为输出的散列值。将 c_i 的每一位比特进行异或，结果记作 b_i。若 $b_i = 1$，则 s_i 划入 A 组，反之划入 B 组。

接下来进行水印的嵌入。

$$\begin{cases} d_i' = d_i + \delta, & b_i = 1, \\ d_i' = d_i - \delta, & b_i = 0. \end{cases} \tag{5.7}$$

发送已嵌入水印的数据项 s_i，其中包括嵌入水印的感知数据 d_i' 及未经修改的时间戳 t_i。

2. 水印的检测

在接收端，当汇聚结点接收一个数据项 s_i 时，同样根据时间戳 t_i 与选择密钥 K_1，即式（5.5）判断其是否为水印载体，再根据时间戳 t_i、分组密钥 K_2 和 Hash 函数，即式（5.6）对 s_i 进行分组，根据所属分组将 s_i 缓存于队列 Q_a 或 Q_b 中。Q_a 与 Q_b 为汇聚结点建立的两个队列，分别用于缓存 A 组和 B 组的数据，缓存于 Q_a 与 Q_b 中的数据项分别记作 s_{aj} 与 s_{bj}。只要队列 Q_a 与 Q_b 皆不为空，则两边皆出列数据项并计算其感知数据的差值，累加这个差值记作 D。

$$D = D + da_j - db_j \tag{5.8}$$

其中，d_{aj} 与 d_{bj} 分别为数据项 s_{aj} 与 s_{bj} 的感知数据。

若对原始数据有需求，完成差值计算即可通过式（5.7）的逆运算恢复原始数据。

统计队列出列数据项的个数，当差值的数量达到 N，即队列 Q_a 与 Q_b 皆出列 N 个数据项时，计算两组数据的平均差值，记作 α。

$$\alpha = \frac{D}{N} = \frac{1}{N}\sum_{j=1}^{N}(d_{aj} - d_{bj}) \tag{5.9}$$

其中，N 的取值由方案确定，若希望取得较好的水印检测效果，N 的值应该较大。若 N 取值接近正无穷，则

$$\alpha = \frac{1}{N}\sum_{j=1}^{N}(d_{aj} - d_{bj}) = 2\delta \tag{5.10}$$

因为没有嵌入水印的数据流的α值接近于0，所以设置一个阈值T，记作T，若$\alpha > T$则认为水印存在。通常阈值$T = 2\delta\theta$，$0 < \theta < 1$。

3. 方案的流程

方案的完整流程如图5.1所示。

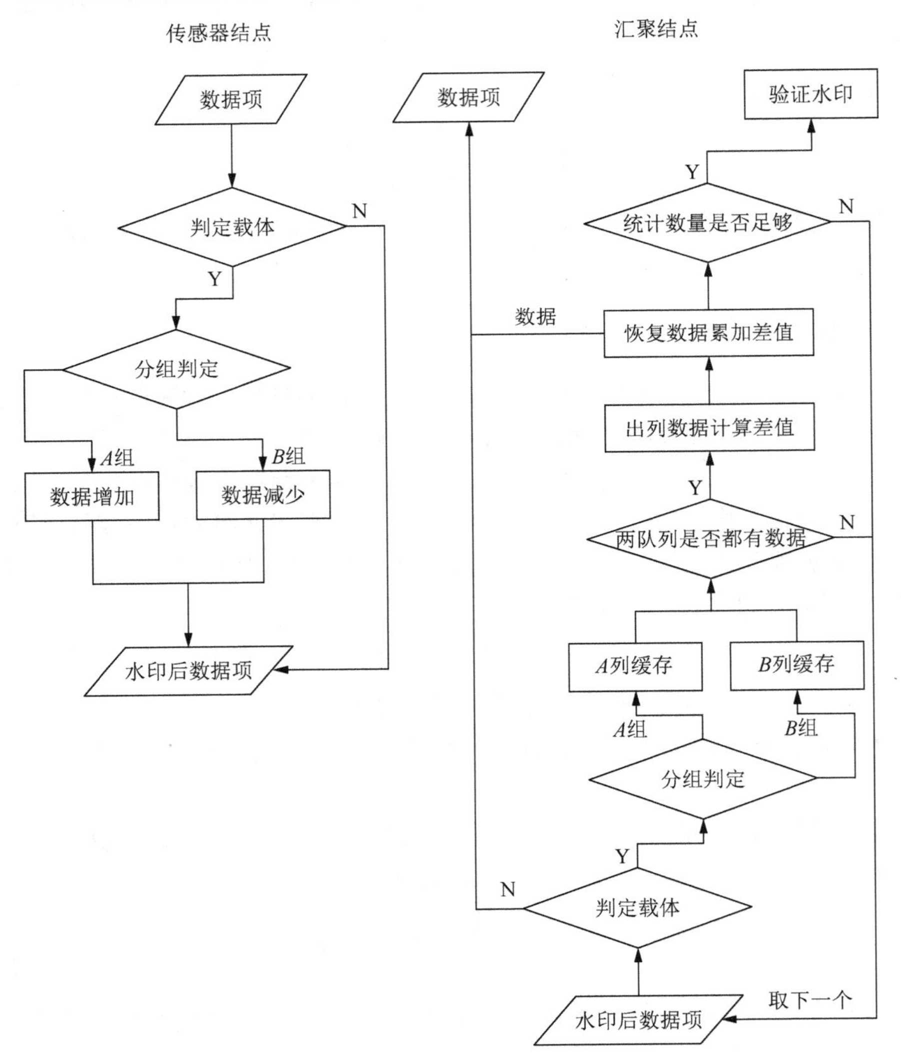

图5.1　稳健水印方案流程图

传感器结点首先根据密钥选择要嵌入水印的数据项，再根据其时间戳的散列值决定分组，*A* 组数据值增加一个较小的常数值，*B* 组则减小。这就是水印嵌入的过程，显然部分数据项承载了水印。汇聚结点在接收到数据项时，同样先判定该项是否承载水印，再进行 *A*、*B* 组的划分；两组数据分别缓存到队列，只要队列不为空则计算差值并根据需求恢复数据，并累加差值，到统计量足够的时候即可进行水印的判定。

5.3.3　方案分析

1．有效性分析

本节提出的简单的 1bit 稳健水印方案的核心思想就来源于数字图像中的 Patchwork 算法。概率 p 决定了方案水印添加的强度，若 $p=1$ 则意味着数据流中所有的数据项皆应添加水印。而根据数据项时间戳与分组密钥产生的 Hash 值来分组，可视为一个随机选取的过程。在数据流中随机选取的 *A* 组、*B* 组的数据项，其感知数据显然是独立同分布的，两组感知数据差值的期望为 0，Patchwork 算法得以生效。

方案根据时间戳来选定承载水印的数据项，同样根据时间戳来对数据项进行分组，而时间戳在水印的嵌入与检测的过程中均不被修改，这也保证了数据流两端能够得到相同的数据分组，确保了水印的成功检测。当然方案不能保证 *A* 组、*B* 组中的数据项的个数绝对相等，但随机选择使两者的数量基本相当，只要统计的数量 N 较大，水印的检测就不会受太大影响。

当然，本节方案（记作方案 5.1）的水印容量仅为 1bit，即只能区别数据流是否嵌入了水印。虽然水印容量很小，但对于以版权保护为主要目的的稳健水印来说这是完全可行的，我们只需要从中获取流数据中是否含有版权方信息即可。

2．稳健性

稳健性是稳健水印方案的一个重要性能指标，下面针对 5.1 节中列举的常见的攻击方式分析水印的稳健性。

（1）截取

若攻击者截取数据流中的一段，数据流中的时间戳并没有被篡改，因此方案仍然可以通过时间戳选取承载水印的数据项，根据时间戳进行分组并计算两组感知数据的差值的均值。显然，截取对本节提出的简单稳健水印方案的水印检测过程几乎没有影响。当然，如果截取的数据流过短，差值统计的数量不足，也会导致均值的统计结果有误而无法检测水印的存在。但这种过短的数据流在实际生活中并无太大的使用价值，因此截取攻击几乎不能生效。

（2）采样

通过采样，攻击者可以得到一些不连续的独立的数据项，并组合形成新的数据流。同理，采样也不篡改数据项原有的时间戳。而选择数据项进行水印的嵌入是受选择密钥 K_1 保护的，攻击者无法判断哪些数据项为水印承载数据项，采样只能随机进行。随机采样的数据流中，属于 A 组、B 组的数据项分布必然是均匀的，数量也就基本相当。因此，与截取攻击的情况类似，只要能得到足够多的水印承载数据项，就能从中检测到水印的存在。

（3）删除

从某种意义上讲，删除与采样是同样的一种攻击方式，只不过通常删除攻击留存的数据项更多，而采样攻击删除的数据项更多。当然除了主动的删除攻击，还存在由网络环境所导致的丢包，但无论何种形式的删除，数据项丢失都是随机的。因此，这与采样类似，只要统计的承载水印的数据项的数量足够多，水印就能被检测到。

（4）注入

注入伪造的数据项并不是一个常见的针对稳健水印的攻击手段，因为伪造数据项的注入量不能过大，过多地注入数据项必然会影响原始数据的使用价值。假设伪造数据项的注入率为 p_{I}，且 $p_{\mathrm{I}} > 0$，这意味着每 x 个数据项就需要注入 xp_{I} 个数据项，而总的数据项个数为 $x(1+p_{\mathrm{I}})$，其中携带水印信息的数据项为 xp 个。显然，原有的携带水印信息的数据项仍然能够得到正确的统计，但 Hash 运算使部分新注入的伪造数据项符合嵌入水印的条件，即有 $xp_{\mathrm{I}}p$ 个数据满足判别式（5.5）。

分组对于注入数据项仍然是均匀的，则 A 组、B 组的数据中，携带水印的数据项与伪造数据项的比例为 1∶p_{I}，则在 N 值较大时平均差值为

$$\alpha = \frac{1}{N}\sum_{j=1}^{N}(d_{aj} - d_{bj}) = 2\delta \frac{1}{1+p_I} \tag{5.11}$$

显然，只要满足 $\alpha > T$，即

$$\frac{1}{1+p_{\mathrm{I}}} > \theta \tag{5.12}$$

水印仍然能够被检测，反之则水印检测失败。但过多地注入数据项会影响原始数据的使用价值，因此，可以认为注入攻击对水印方案影响不大。

（5）修改

首先，方案 5.1 不能抵抗对时间戳的修改，因为无论是水印承载数据项的选

取还是两组的划分都由时间戳决定。其次，对于感知数据的修改不会影响统计结果。

若感知数据的修改值是固定的，也就是每个数据项的感知数据都加上一个固定值，则差值的均值仍然为

$$\alpha=\frac{1}{N}\sum_{j=1}^{N}(d_{a'j}-d_{b'j})=\frac{1}{N}\sum_{j=1}^{N}(d_{aj}+d_t-d_{bj}-d_t)=\frac{1}{N}\sum_{j=1}^{N}(d_{aj}-d_{bj}) \quad (5.13)$$

其中，$d_{a'j}$ 与 $d_{b'j}$ 为修改后两组数据项的感知数据；d_t 为固定的修改值。

若修改值是随机的，即每个数据项的修改值都不同，记作 d_{ti}，此时

$$\alpha=\frac{1}{N}\sum_{j=1}^{N}(d_{a'j}-d_{b'j})=\frac{1}{N}\sum_{j=1}^{N}(d_{aj}+d_{t_{2j-1}}-d_{bj}-d_{t_{2j}}) \quad (5.14)$$

可写成以下形式：

$$\alpha=\frac{1}{N}\sum_{j=1}^{N}(d_{aj}-d_{bj})+\frac{1}{N}\sum_{j=1}^{N}(d_{t_{2j-1}}-d_{t_{2j}}) \quad (5.15)$$

其中，d_{ti} 为随机的修改值，从中随机选择两组必然是独立同分布的，两组的差值期望也就必然为 0。因此，当 N 足够大时，有

$$\frac{1}{N}\sum_{j=1}^{N}(d_{t_{2j-1}}-d_{t_{2j}})=0 \quad (5.16)$$

显然，对感知数据的修改不影响水印的检测。

（6）均值

均值将破坏数据项的结构，即打破原有数据项感知数据与时间戳之间的关联，因此方案 5.1 将无法对数据流进行划分，也就无法实现水印的验证。

总体来说，只要时间戳不被篡改，本节提出的稳健水印方案（方案 5.1）都能经受常见的攻击，实现水印的检测。

3. 开销分析

在计算开销方面，最大的一项为 Hash 运算的开销，这与第 3 章、第 4 章的方案类似。在存储开销方面，传感器结点除了当前数据项不缓存其他数据，而汇聚结点则需要建立两个队列缓存两组的数据项。但因为只要两个队列皆不为空就出列数据、计算差值，而数据项的分组是随机的，所以尽管汇聚结点比传感器结点的存储开销要大，但大部分时候并不需要缓存太多的数据项。我们还可以对汇聚结点的队列设置一个上限，如果缓存的数据达到这个上限，下一个应该缓存的数据项就直接恢复原始数据，不参加水印的统计。这同样不会影响水印的检测。在

通信开销方面，方案 5.1 则与其他水印方案相同，不增加额外的通信数据量。总体来说，方案 5.1 的开销是完全可以接受的，它比起第 3 章、第 4 章的水印方案开销更小。

4. 服务质量分析

从图 5.1 稳健水印方案流程图可知，传感器结点不缓存任何数据项，因此发送端的时间延迟全部来自数据计算产生的时间延迟，而这通常是可以忽略的。在接收端，汇聚结点需要通过队列缓存数据项，但在存储空间的开销处已经分析，缓存量通常不大，而且使用队列长度的上限来限制缓存的数量，引起的时间延迟与第 3 章、第 4 章的方案相比也是可以接受的。并且，在无线传感器网络中，稳健水印方案避免了传感器结点的时间延迟，保证了数据采集传输的流畅和数据流的平滑，而对于汇聚结点的要求通常相对较低。

与第 3 章、第 4 章的水印方案相比，方案 5.1 对于感知数据的修改应该是最大的，修改值 δ 决定了水印的透明度，并且显然 δ 值越大，水印的效果就越好。方案嵌入水印后的数据是可以恢复的，因此 δ 不影响水印的使用价值。当然，嵌入水印后的数据如果太过突出，在传播途径中仍然会引起攻击者的注意，所以仍然希望水印透明度较高。图 5.2 显示了一段由传感器采集的温度数据流的原始数据，图 5.3 则显示了嵌入水印后的温度数据流。对于温度数据流，δ 的值取为 0.01℃，而图 5.3 的水印修改量为 2δ，由图 5.3 可见，嵌入水印并未对数据流的值产生过多的影响，透明度仍然是可接受的。

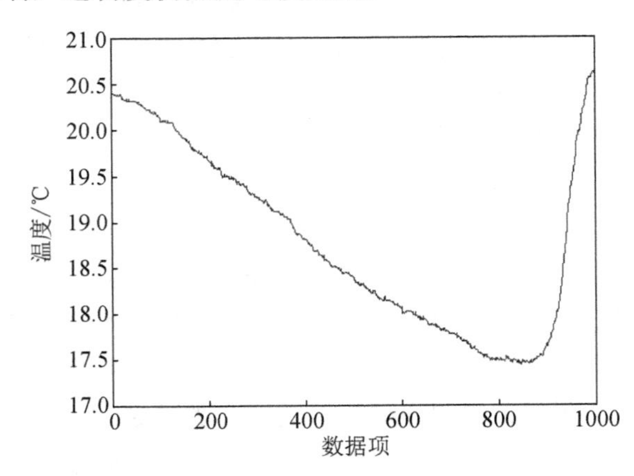

图 5.2　温度数据流原始数据

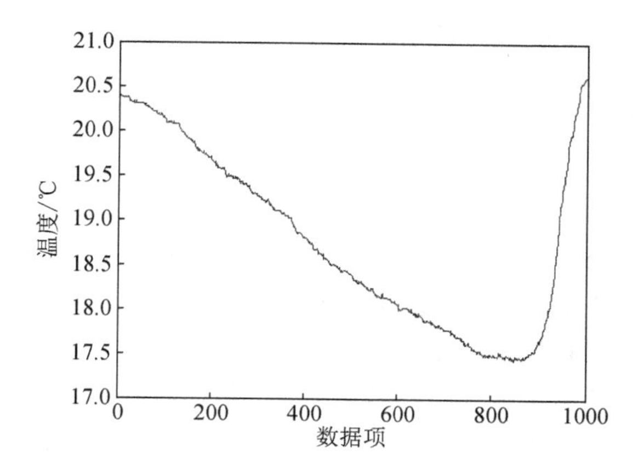

图 5.3　嵌入水印后的温度数据流

5.3.4　模拟实验

1．实验设置

本节的模拟实验仍然通过 MATLAB 进行，实验所用原始数据流与第 3 章相同，采集自 Intel Berkeley 研究实验室所部署的无线传感器网络，周期性地采集带时间戳的湿度、温度、光照强度及电压数据。

实验数据流的设置也与第 3 章、第 4 章基本相同，每次实验的数据流只保留 4 种采样数据中的一种，而数据流中应包含 10 万个数据项，这相当于第 3 章、第 4 章数据流的 10 倍。当然，每个项目的实验结果都来自 1 000 次的重复，并且每次实验都使用不同的数据流。

对于水印的检测，较重要的两个指标仍然是漏检率和虚警率。但本节提出的稳健水印方案（方案 5.1）只嵌入 1bit 水印，在实验设置上与第 3 章、第 4 章有较大的区别。对于稳健水印而言，漏检指的是嵌入了水印而汇聚结点却未能检测到；而虚警则指的是没有嵌入水印而汇聚结点却检测到水印的存在。因此，需要首先测试方案在未经任何攻击前提下的漏检率和虚警率，以及实验方案性能与几个重要参数的关系。

对稳健性的测试则依据 5.3.3 节的分析来进行。针对稳健水印的攻击在于，在不影响原始数据使用的前提下尽可能地使水印不可检测，因此对水印稳健性的测试将集中在不同攻击方式下水印的检测率。首先使用在无攻击实验室中性能相对较好的一组参数来配置方案，再逐一测试各种攻击方式下水印检测率的变化情况。此外，还应测试随着统计数量 N 的增加，水印检测率在不同攻击方式下的变化，这有助于确定增加统计数量与提高水印的检测率的关系。

对于水印容量为 1bit 的稳健水印方案，每次实验结果只有两种，即检测到水印或者检测不到水印。因此，无论是漏检率、虚警率还是检测率都经过上千次实验的重复才能得出。

2. 无攻击实验

对于水印方案性能可能会有影响的参数主要有嵌入水印的概率 p 、水印修改量 δ 、阈值系数 θ 及差值统计数量 N 。其中，修改量 δ 为一个相对较小的值，如对于温度数据，δ 的值取为 0.01℃，若室温平均为 25℃，则 δ 的取值仅为原始数据的 0.04%，是一个对水印透明度影响不大的数值。因此，用水印修改量 δ 的倍数来表示这个参数的变化。

图 5.4 显示了漏检率和虚警率随统计数量 N 变化的趋势，其他 3 个参数的设置为嵌入水印的概率 $p=0.5$ ，水印修改量取 2δ ，阈值系数 $\theta=0.8$ ，即阈值为 $T=1.6\delta$ 。从图 5.4 可以看出，N 对漏检率的影响较大。若 N 值较小，有较大的概率检测不出水印的存在，但只要 N 维持在一个较大的值，如 2 000 以上，几乎不会发生漏检。这与之前的分析相同，方案的统计性能就是建立在对大量数据的统计基础之上的。尽管虚警率也随着 N 的增大而降低了，但虚警率的变化幅度较小，且都保持在 1%以下，因此统计数量 N 对虚警率影响不大。

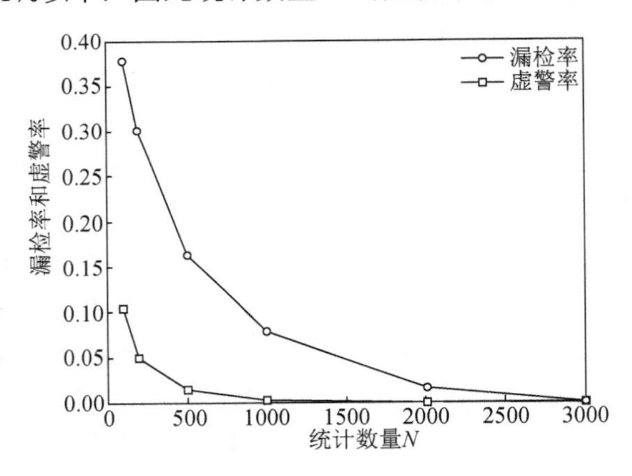

图 5.4　不同统计数量 N 下的漏检率和虚警率

图 5.5 显示了嵌入水印的概率 p 对漏检率与虚警率的影响，其他 3 个参数的设置为统计数量 $N=1\,000$ ，水印修改量取 2δ ，阈值系数 $\theta=0.8$ 。从实验结果可知，嵌入水印的概率 p 也对漏检率有较大的影响，漏检率随着嵌入水印的概率 p 的增大而降低。原因则仍然与统计相关，嵌入水印的概率 p 越大则水印载体在数据流中的选择就越密集，作为载体的数据项之间的距离就越近。而流数据是逐渐变

化的，相邻越近的数据项之间感知数据的差值越小，统计效果就越好。而如果嵌入水印的概率 p 过小，则载体数据项之间在数据流中的距离就越远，统计性能就会降低。尽管虚警率也呈现与漏检率相同的趋势，但虚警率很小，因此认为嵌入水印的概率 p 对虚警率的影响不大。

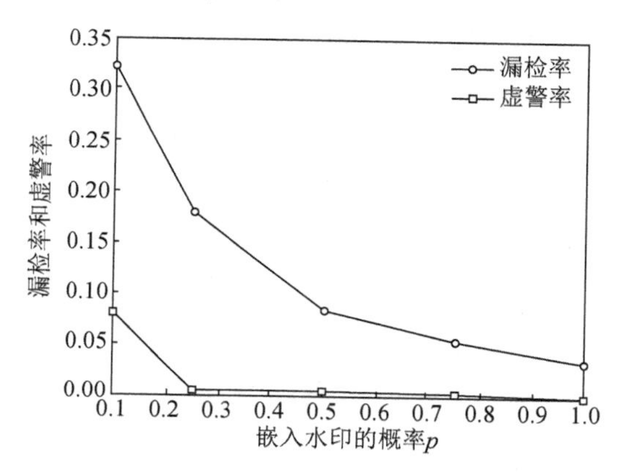

图 5.5　不同嵌入水印的概率 p 下的漏检率和虚警率

图 5.6 显示了漏检率与虚警率随水印修改量变化的趋势，其他 3 个参数的设置为嵌入水印的概率 $p=0.5$，统计数量 N=1000，阈值系数 $\theta=0.8$，水印修改量的变化则由 δ 一直到 5δ，皆为 δ 的整数倍。实验结果显示水印修改量增大可以使漏检率与虚警率降低。这也很容易理解：数据的修改值越大，自然水印就越容易检测，且虚警就越不容易发生。但需要注意的是，数据的修改值增大，水印的透明度就降低，因此只能维持这个修改值在一个合理的范围，不能盲目增大。

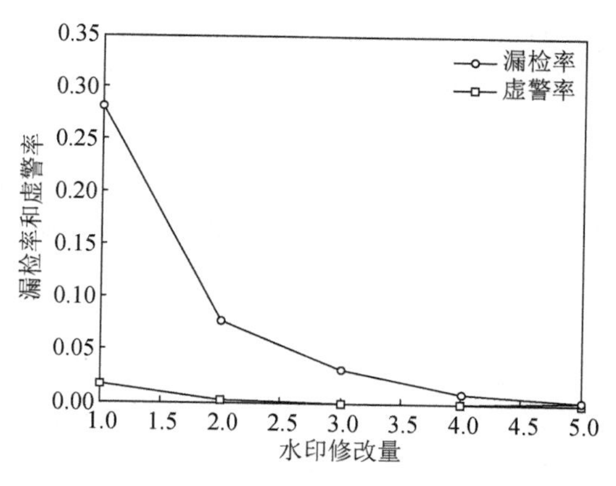

图 5.6　不同水印修改量下的漏检率与虚警率

图 5.7 则显示了阈值系数θ的影响，其他 3 个参数的设置为嵌入水印的概率$p=0.5$，统计数量 N=1 000，水印修改量取2δ。显然，阈值系数θ需要做一个平衡。阈值系数θ增大，阈值增大，则水印的漏检率升高，但虚警率会随之降低，可以认为检测水印存在的门槛提高了。但从绝对数值上看，虚警率总维持在较小的范围，因此，可以略微降低阈值，提高水印的检测率，使漏检率进一步降低。

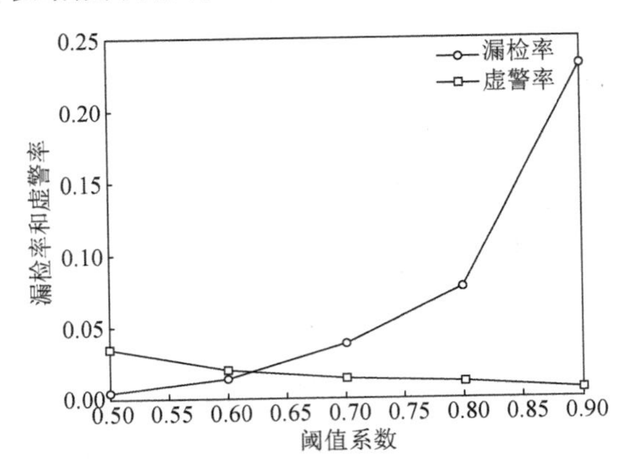

图 5.7　不同阈值下的漏检率和虚警率

由以上 4 组实验的结果可知，首先，所有参数对于方案虚警率的影响要远远小于对漏检率的影响，因此在配置方案时应优先以降低漏检率为目标。而对于稳健水印而言，维持水印的可检测性才是首要目标。其次，水印修改量δ与阈值系数θ都需要一个平衡的取值，以维持较低的虚警率与水印的透明度。最后，嵌入水印的概率 p 及统计数量 N 都直接与统计性能相关，尤其是统计数量 N，只要增加数据项的统计数量，对于大部分合理的参数配置，稳健水印方案能够实现漏检率低于 1%的检测。这种特性也非常适合于数量较大甚至是无尽的无线传感器网络中传输的数据流，只要数据不断采集，嵌入的水印就能够被检测。

3. 攻击实验

对常见的稳健水印攻击方式，5.3.3 节已经做出较为详细的分析。对于截取攻击，所有的实验都建立在有限个数据项的统计结果之上，因此对参数嵌入水印的概率 p 及统计数量 N 的实验也就是对截取攻击的实验。结果显示，只要统计数量达到一定的程度，截取攻击并不构成威胁。

就采样攻击和删除攻击而言，可以视为同样的一种攻击方式，当然，采样攻击删除的数据量更大。图 5.8 显示了在不同的采样率攻击下，以及不同的统计数量下，水印检测率的变化趋势。采样率由 1/2（即每两个数据项保留一个）降低到

1/5，统计数量 N 由 500 一直上升到 5 000，其他参数均为无攻击实验中选择的性能较好的配置。实验结果显示，采样攻击确实降低了水印的检测率，尤其在统计数量较低时较为明显。然而，一旦统计数量增加，方案的检测率将迅速增加，并最终达到一个较高的水平。

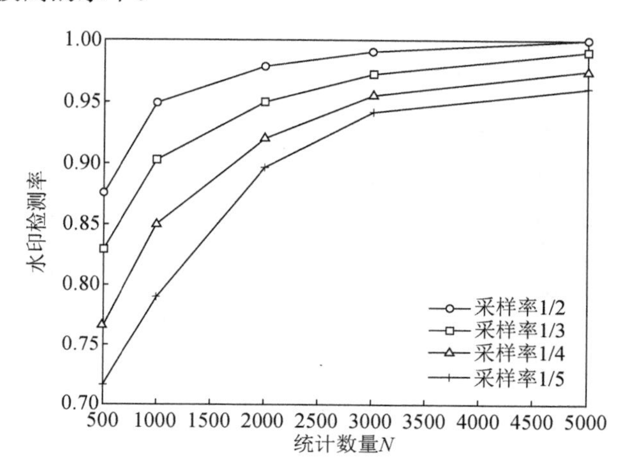

图 5.8　不同采样率下的水印检测率

注入攻击并非稳健水印常见的攻击形式，因为注入新的数据项会显著地影响原始数据的使用价值。图 5.9 显示了水印检测率在不同注入率下随着统计数量变化的趋势。注入率由 10%上升到 40%，意味着每 10 个数据项从要注入 1 个伪造的数据项上升到要注入 4 个伪造的数据项，伪造的数据项的感知数据值与其相邻数据项相近。实验结果显示，当注入率较低时，其对水印检测率的影响不大。然而注入率上升到 30%时，水印的检测率急剧下降，但仍然随着统计数量的增加而升高，呈现出可检测的趋势。这显然符合 5.3.3 小节的分析，当注入率为 30%时仍然满足式（5.12），水印仍然可检测。但当注入率上升到 40%时，已不再满足式（5.12），随着统计数量的增加，水印检测率反而迅速降低了，水印就变得不可检测。

当然若希望维持数据的可用性，数据的注入率就不能太高。因此，方案对于注入攻击的稳健性也是可接受的。

理论分析表明，方案对数据修改有着较强的稳健性，尤其对于固定值的修改几乎不影响水印的检测，实验也证明这一分析，在此不再累述。图 5.10 显示了方案对于随机值的修改攻击的稳健性。修改率表示数据流中被修改的数据项的个数，修改值在 $\pm 4\delta$ 之间随机变化，确保不会影响原始数据的使用价值。实验结果显示，当修改率较高时，即数据流中大部分数据被随机修改时，水印的检测率几乎不受影响。这是因为随机修改值之差的期望为0，因此只要统计的数量足够大，修改率几乎不影响水印的检测。尽管较低的修改率反而明显降低了水印的检测率，但随着统计数量N的增加，水印的检测率仍然能够升高到一个合理的水平。

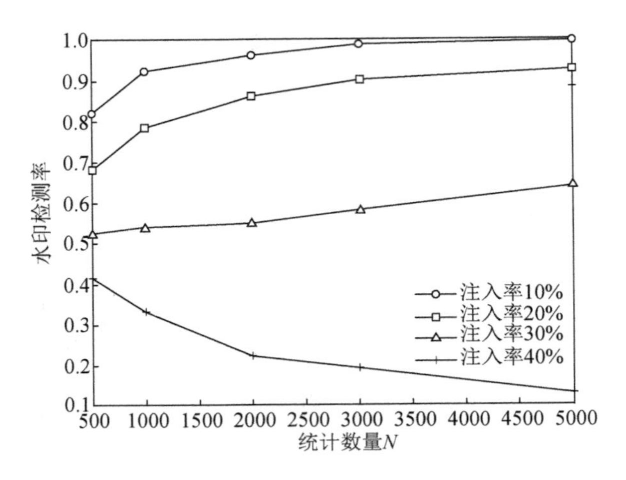

图 5.9　不同注入率下的水印检测率

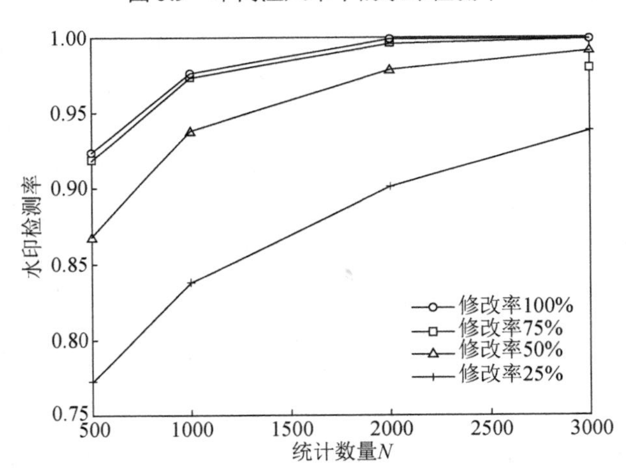

图 5.10　不同修改率下的水印检测率

总之，对于大部分的稳健水印的攻击形式，方案5.1均能维持较高的水印检测率。部分攻击随着攻击频率的升高会导致水印检测率的下降，然而一旦增大统计数量，水印的检测率便会升高，并最终达到一个较高的水准。这是基于统计的方案优势，只要统计的样本足够多，总能检测出水印。

5.4　改进的稳健水印方案

5.3 节提出的简单的无线传感器网络流数据稳健水印方案将经典的数字图像 Patchwork 算法思想用到流数据中。实验分析显示该水印针对常见的几种攻击形式具备较好的稳健性。当然对于一个基于统计的方案，无论是否受到攻击，或者受到何种类型的攻击，都必须得到足够多的嵌入水印的数据项才能正确地验证水印。统计差值的数量 N 就是保证算法性能的关键，从实验中不难看出，如果需要方案维持一个较好的性能，N 的值应该至少大于 2 000，在遭遇攻击的情况下，N 的值有可能要超过 5 000 才能获得较好的性能。

本节将提出更好的划分 A 组、B 组的方法，使方案有更佳的统计性能。方案所采用的网络与数据模型与 5.3 节相同，概述如下：传感器结点以概率 p 在数据流 S 中选出若干数据项作为水印的载体，对于选出的任一载体数据项，根据密钥与其时间戳将其划分入 A 组或者 B 组。若数据项属于 A 组，则其相邻的后继数据项属于 B 组，反之亦然。A 组中每个的数据项的感知数据增加一个较小的数值 δ，B 组中每个的数据项的感知数据减少相同的数值 δ。汇聚结点以同样的方式选取载体数据项，再以同样的方式得到 A 组、B 组的数据项的感知数据，并累加两组数据项感知数据的差值。当统计的数据项达到一定的数量时，即可通过差值的均值来判断水印是否存在，并恢复原始数据。显然，本节方案（记作方案 5.2）与方案 5.1 的主要区别在于划分 A 组、B 组的方法。

5.4.1　方案细节描述

1. 不同的划分方式

当传感器结点完成一次采样，即数据流中产生一个新的数据项 s_i 时，首先判断 s_i 是否为水印载体，判别条件与式（5.5）相同。

然后，对时间戳进行 Hash 运算，根据 Hash 值将数据项 s_i 划入 A 组或者 B 组。总之，划分依据仍然为式（5.6）。若数据项 s_i 被划入 A 组，则其相邻的后继数据项 s_{i+1} 就被划入 B 组，反之亦然。也就是说，当传感器结点选中一个数据项作为水印载体时，其后继数据项也被作为水印载体使用。

后续的水印嵌入过程与 5.3 节并无差别，在此不再累述。

2. 水印的验证

在接收端，当汇聚结点接收一个数据项 s_i 时，同样根据式（5.5）判断其是否为水印载体，再根据 Hash 函数和密钥 K 对 s_i 进行分组。需要注意的是，汇聚结点不再建立缓存数据项的队列，而是直接缓存满足式（5.5）的数据项 s_i，等到下一个数据项 s_{i+1} 到达，根据两个数据项所属的分组，通过式（5.8）计算并累加差值。

当累加差值的数量达到 N 时，计算两组数据的平均差值，记作 α。

$$\alpha = \frac{D}{N} = \frac{1}{N}\sum_{j=1}^{N}(d_{aj} - d_{bj})$$

其中，d_{aj} 为属于 A 组的数据项的感知数据；d_{bj} 为属于 B 组的数据项的感知数据。

比较平均差值 α 与阈值 T，若 $\alpha > T$ 则认为水印存在，通常阈值 $T = 2\delta\theta$，$0 < \theta < 1$。

5.4.2　方案分析

1．有效性分析

本质上，方案 5.2 仍然来源于数字图像中使用的 Patchwork 算法，在分组方式上与方案 5.1 不同，因而在统计特性上会有所区别。方案 5.2 始终计算两个相邻数据项的差值，而根据无线传感器网络中流数据的相关性，这个差值必然较小。而 Hash 函数保证了差值为 $s_i - s_{i+1}$ 的概率与为 $s_{i+1} - s_i$ 的概率是相等的。显然，两组数据的差值呈现中心为 0 的正态分布，差值的期望为 0。更重要的是，与方案 5.2 相比，方案 5.1 的分组方式误差较小，因而统计所需的数量 N 也就相对较小。

2．稳健性分析

在此比较两种方案稳健性的区别。

（1）截取

前面已经分析，方案 5.1 需要足够的差值统计数量才能验证水印，这同样适用于方案 5.2。但是方案 5.2 计算的是相邻数据项感知数据的差值，因此具备更好的统计性能，检测水印所需要的差值统计数量应少于方案 5.1，具备更高的稳健性。

（2）采样

事实上，无论以何种方式进行分组，通过采样后的数据流都非常类似。方案 5.1 可以判断每个数据项是否有水印嵌入，属于哪个分组，在统计了足够多的带有水印的数据项之后就能最终实现水印的检测。然而对于方案 5.2，采样破坏了原始数据项之间的相邻关系，即采样数据流中往往只有 s_i 或者 s_{i+1}。s_i 由其感知数据的 Hash 值决定，因此其若存在于采样数据流中仍然可被选出，但 s_{i+1} 无法识别，因此最终用来计算差值的数据项中，有一半都是随机值。

检测过程如下：

$$\alpha = \frac{1}{N}\sum_{j=1}^{N}(d_{aj} - d_{bj}) \tag{5.17}$$

A 组、B 组的数据中，有一半可以视为随机选取的，式（5.17）可以写作

$$\alpha = \frac{1}{N}\left(\sum_{j=1}^{\lfloor N/2 \rfloor}(d_{aj} - d_{bj}) + \sum_{j=\lfloor N/2 \rfloor+1}^{N}(d_{aj} - d_{bj})\right) \tag{5.18}$$

随机选取的两组数据之差的期望为 0，即当 N 值较大时，有

$$\frac{1}{N}\sum_{j=\lfloor N/2 \rfloor+1}^{N}(d_{aj} - d_{bj}) = 0 \tag{5.19}$$

此时，有

$$\alpha = \frac{1}{N}\sum_{j=1}^{\lfloor N/2 \rfloor}(d_{aj} - d_{bj}) = \delta \tag{5.20}$$

显然，将差值 α 与阈值比较，若阈 $T = 2\delta\theta$，$\theta < 1/2$，则仍然能够维持 $\alpha > T$，使水印成功被检测。当然，这样的参数设置必然带来虚警率增大的负面影响，所以方案 5.2 对采样攻击的稳健性比方案 5.1 弱。

若使用方案 5.1 的水印检测方法，则仍然可以维持方案 5.2 对采样攻击的稳健性。根据方案 5.1，选取采样数据流中所有的 s_i，而 s_i 又根据其时间戳均匀而随机地划分到了 A 组、B 组，因此只要统计的数量足够，仍然可以验证水印。

（3）删除

对于方案 5.1，采样和删除这两种攻击方式没有区别，只要统计足够多的差值就能验证水印。而对于方案 5.2，采样通常不会选取两个连续的数据，因而水印的检测效果会降低，但删除则保留了更多的数据，对水印的检测影响更小。若删除的数据项并未承载水印，或者删除了主数据项 s_i，则水印的检测不受影响。若副数据项 s_{i+1} 被删除，差值计算会发生错误，水印的检测会受到一定的影响。但只要删除攻击的频率不高，Hash 函数把这种错误均匀地分散到 A 组、B 组中，水印的检测仍然能够成功。

（4）注入

对于注入攻击，有以下几种可能发生的情况。若注入率为 p_{I}，注入的伪造数据项有 $p/2$ 的概率成为被选中的水印承载主数据项 s_i，此时差值的期望为 0。同理注入的伪造数据项有 $p/2$ 的概率恰好位于主数据项 s_i 的后方，成为伪造的副数据项 s_{i+1}，此时差值的期望为 δ。为了分析的简单，不考虑一些特殊的情况，那么对于统计的 N 个差值中，不受注入影响的差值与注入主数据项及注入副数据项的比为 1∶$p_{\mathrm{I}}/2$∶$p_{\mathrm{I}}/2$，则在 N 值较大时平均差值为

$$\alpha = \frac{1}{N}\sum_{j=1}^{N}(d_{aj} - d_{bj}) = 2\delta\frac{4 + p_{\mathrm{I}}}{4(1 + p_{\mathrm{I}})} \tag{5.21}$$

事实上在注入率 p_{I} 较小时，α 的值与方案 5.1 的平均差值非常接近。当然，随着注入率的增加，方案 5.2 的水印检测率比方案 5.1 略高，稳健性更好，但这个优势并不明显。

（5）修改

显然，无论是方案 5.1 还是方案 5.2 都不能抵抗对时间戳的修改。对于感知数据的修改，两个方案的统计结果均不受影响，因此无论是固定值的修改还是随机值的修改，只要统计的差值数量足够大，水印均能得到检测。

值得注意的是，在面对固定值修改时，方案 5.2 维持了更好的统计性能，只需较少的差值统计数量 N 就能检测水印。若修改值为随机的，方案 5.2 也会失去相邻数据项感知数据相差较小的优势，尤其在修改的数据项较少时，两个方案的统计性能较为接近。

（6）均值

对于破坏数据项感知数据与时间戳关联的均值攻击，方案 5.1 和方案 5.2 均无法实现水印的检测。

总体来说，两个方案具有相似的稳健性。方案 5.2 对于不破坏数据项邻接关系的攻击方式仍然维持了更好的统计性能，需要的差值统计数量更少。然而对于其他类型的攻击，方案 5.1 在攻击频率较低时维持了更好的统计性能，而一旦攻击频率增加，两者的水印检测率便趋于一致。尤其对于采样率较低的采样攻击，方案 5.2 只有使用方案 5.1 的水印检测方式才能有效地检测到水印。

3. 开销分析

两种方案无论是在计算开销、存储开销还是通信开销方面都比较相似。主要的区别在于方案 5.2 的汇聚结点不再建立队列缓存数据项，而只需缓存两个相邻的数据项，计算差值之后即可释放缓存，因而所需存储开销更小。

4. 服务质量分析

由于两个方案在传感器结点的操作比较类似，因此，发送端的时间延迟都仅由计算开销产生，这几乎是可以忽略的。从方案 5.2 的汇聚结点的存储开销分析可知，由于不再缓存队列，因此缓存数据项引起的时间延迟比方案 5.1 更小。

水印的透明度由水印的修改值 δ 决定，两个方案基本相同。但由于方案 5.2 具备更优的统计性能，因此适当的降低修改值 δ 也能在维持水印稳健性的同时提高水印的透明度。

5.4.3　实验比较

本节将采用与方案 5.1 完全相同的实验环境和设置，测试无攻击时水印的漏检率和虚警率，以及不同攻击下水印的检测率。并且无论是漏检率、虚警率还是检测率都需要经过上千次重复实验。

1. 无攻击实验

首先测试漏检率和虚警率随统计数量 N 变化的趋势，这也是体现水印统计性能的指标。其他 3 个参数的设置为嵌入水印的概率 $p=0.5$、水印修改量取 2δ，阈值系数 $\theta=0.8$，即阈值为 $T=1.6\delta$，与方案 5.1 保持一致。实验结果显示，方案 5.2 确实具备了更好的统计性能。图 5.11 显示，N 的值大于 100，漏检率就已经小于 5%，当 N 的值增加到 1 000 时，漏检已经几乎不会发生了；而在方案 5.1 中，N 的值需要在 1 000 以上漏检率才变得可接受。虚警率的变化则与方案 5.1 相似，尽管也随着 N 的增大而降低，但虚警率变化幅度较小，并且都保持在一个较低的水平，因此可以认为统计数量 N 对虚警率的影响不大。

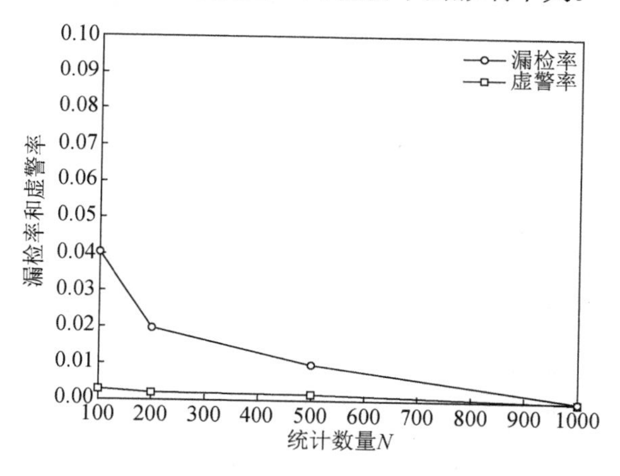

图 5.11　不同统计数量 N 下的漏检率和虚警率

图 5.12 显示了嵌入水印的概率 p 对漏检率与虚警率的影响，其他 3 个参数的设置为统计数量 $N=200$，水印修改量取 2δ，阈值系数 $\theta=0.8$，因为方案 5.2 统计性能较好，因此 N 的取值降低到 200。实验结果显示，嵌入水印的概率 p 对漏检率与虚警率都是几乎没有影响的，这与方案 5.1 完全不同。分析原因，则是方案 5.2 统计的是相邻数据项的差值，无论 p 如何变化，相邻数据项的差值总是相似和较小的，因此嵌入水印的概率 p 对方案 5.2 的影响不大。

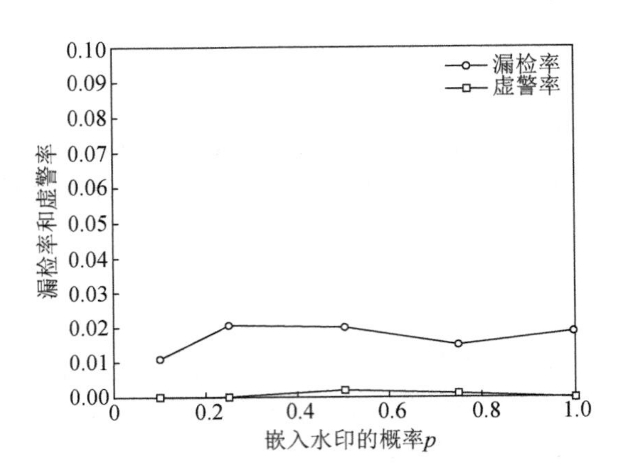

图 5.12　不同嵌入水印的概率 p 下的漏检率和虚警率

图 5.13 显示了漏检率与虚警率随水印修改量变化的趋势，其他 3 个参数的设置为嵌入水印的概率 $p=0.5$，统计数量 $N=200$，阈值系数 $\theta=0.8$，水印修改量的变化仍然是由 δ 一直到 5δ。实验结果显示，水印修改量增大可以使漏检率与虚警率降低，但因为这两项指标均不高，因此完全可以采用较低的水印修改量，维持水印的透明度。

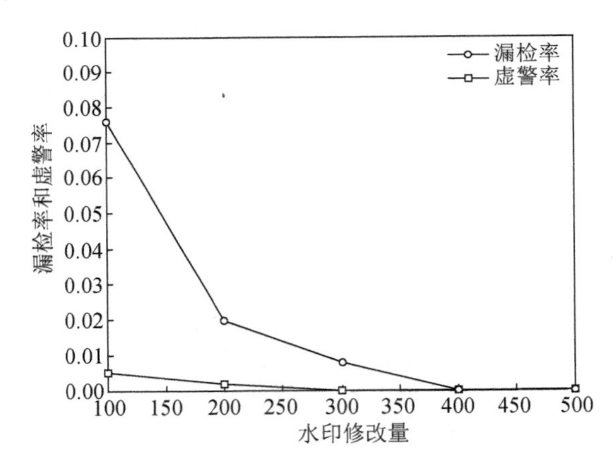

图 5.13　不同水印修改量下的漏检率和虚警率

图 5.14 则显示了阈值系数 θ 的影响，其他 3 个参数的设置为水印嵌入的概率 $p=0.5$，统计数量 $N=200$，水印修改量取 2δ。实验结果说明，方案 5.2 的阈值系数 θ 对水印方案的影响也与方案 5.1 相似。阈值增大，则水印的漏检率升高，但虚警率会随之下降，反之亦然。

与方案 5.1 的实验结果对比可知，首先，方案 5.2 具备更好的统计性能。以上 4 组实验均显示方案 5.2 的漏检率在各种参数配置下都有着更好的实验结果，在大多时候，方案 5.2 的漏检率都在 1%附近。尤其是对统计数量 N 这个直接显示统计性能的指标，方案 5.2 的漏检率比方案 5.1 有着极大的降低。其次，方案 5.2 对于虚警率的影响变化不大，当然这与稳健水印的特点有关。最后，除了嵌入水印的概率 p 对方案 5.2 几乎没有影响以外，两个方案呈现的变化趋势是基本一致的。

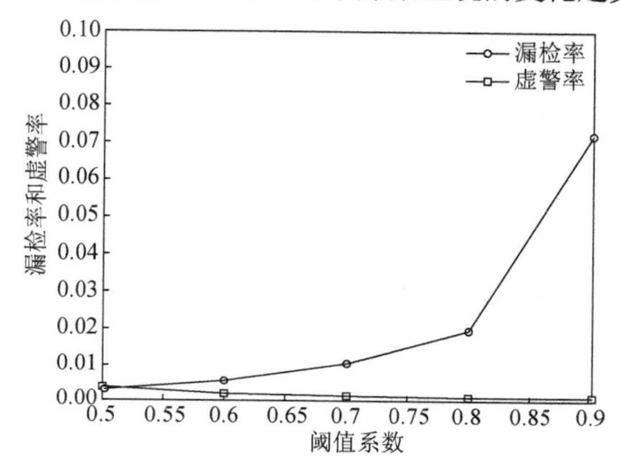

图 5.14　不同阈值下的漏检率和虚警率

2. 攻击实验

对于截取攻击，根据图 5.11 显示的漏检率随统计数量 N 的变化趋势，显然方案 5.2 稳健性更好，截取攻击几乎不构成威胁。

方案 5.2 不能抵抗采样攻击，除非参数经过特殊的设置。然而只要使用方案 5.1 的检测方式，两种方案的稳健性基本相同。图 5.15 显示了在不同的采样率攻击下，通过方案 5.2 进行水印嵌入、方案 5.1 进行水印检测的检测率随统计数量的变化趋势。实验结果也证实两个方案若采样相同的方式（方案 5.1 的检测方式）进行水印检测，可以获得相当的水印检测率。

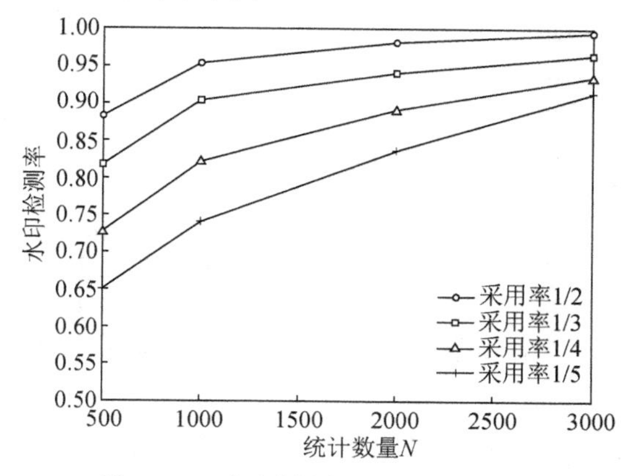

图 5.15　不同采样率下的水印检测率

图 5.16 显示了水印的检测率在不同注入率下随着统计数量变化的趋势。注入率仍然由 10%变化至 40%。实验结果显示，当注入率较低时，对水印检测率的影响不大，而且此时方案 5.2 的检测率较方案 5.1 更高。然而一旦注入率升高，水印的检测率就迅速降低，变得与方案 5.1 相近。

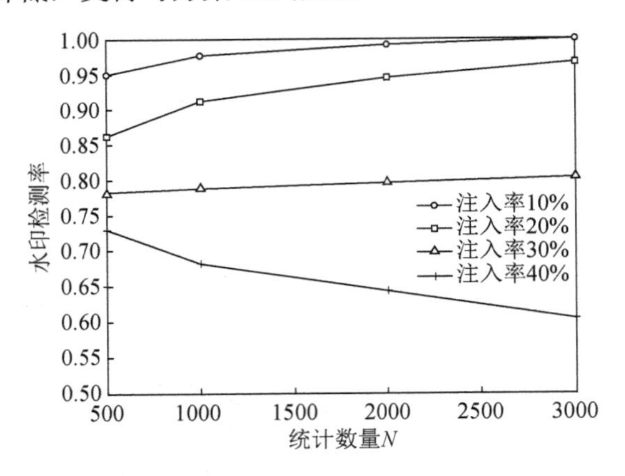

图 5.16　不同注入率下的水印检测率

在此仍然只分析方案对于随机值的修改攻击的稳健性。图 5.17 显示了水印检测率在不同修改率下随统计数量变化的趋势，显然，当修改率较高时，水印的检测率下降不大，稳健性也远好于方案 5.1。但修改率的降低，相邻数据项差值的优势就逐渐被抵消了，水印检测率也就与方案 5.1 比较接近。当然，但随着统计数量 N 的增加，水印的检测率仍然能够升高到一个合理的水平，因此两个方案对修改攻击的稳健性都比较好。

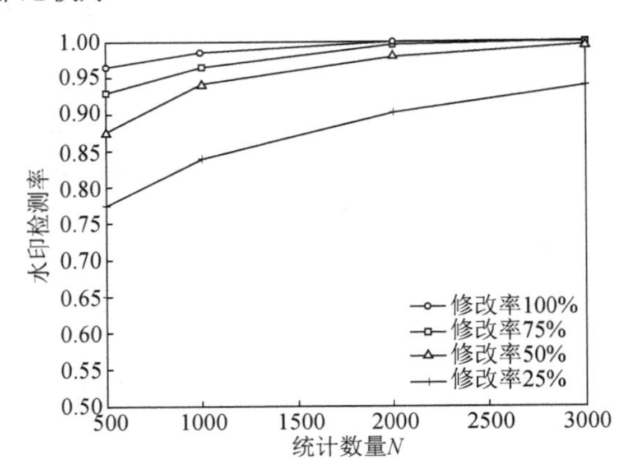

图 5.17　不同修改率下的水印检测率

综合两种方案在无攻击实验和攻击实验中的结果，在不受攻击的情况下，方案 5.2 具有更好的稳健性，4 个参数的大部分设置能获取较好的水印检测效果，尤其是所需的统计数量远少于方案 5.1。然而在受到攻击的情况下，方案 5.1 的水印检测率基本上稳定在一定的区间，所需的差值统计数量也相对较为稳定。而方案 5.2 对于删除、修改、注入攻击都在攻击率较低时水印检测率较好，一旦攻击率增大就与方案 5.1 相似了。并且，方案 5.2 几乎不能抵抗采样攻击，需要使用方案 5.1 的水印检测方式才能检测到水印的存在。

本 章 小 结

无线传感器网络在采集一些具有商业价值的数据流时，有通过稳健水印来嵌入版权信息的需求。本章利用了数字图像中 Patchwork 算法的思想，提出了一个适用于无线传感器网络的嵌入 1bit 不同水印信息的稳健水印方案。原始方案通过在数据流中随机选择部分数据项，并将其划分成两组，通过改变两组数据的差值来实现水印的嵌入。水印的验证则只需检测数据流中两组特定数据的差值即可。水印方案利用数据项的时间戳来进行选择和分组，通过感知数据的修改来实现水印的嵌入。理论分析与实验都证明，方案对于大部分常见的水印攻击方式有着较强的稳健性，通过增加差值统计数量总能实现对水印的检测。

本章利用了传感器采集的数据流相邻数据项之间差值较小的特征，进一步改进了方案。改进后的方案在统计性能上得到了显著的提升，因此检测水印需要的差值统计数量大大降低了。当然，通过分析和实验发现，尽管改进后的方案具备更好的统计性能，然而一旦攻击率增大，这种优势就会逐渐消失。更多的时候，改进后的方案具有与之前方案相似的稳健性。因此，在实际使用中，可以根据具体应用的需求来选择稳健水印方案。

第6章　未来研究方向与展望

6.1　未来研究方向

无线传感器网络在国防军事、环境监测、医疗卫生等多个领域有着广阔的应用前景，尤其伴随物联网技术的发展得到越来越多的应用。信息安全是传感器网络广泛应用的前提，而无线传感器网络涉及多个方面的安全问题，其中不可信网络环境中传输的感知数据的完整性认证与易被窃取的具有商业价值的数据的版权保护都是不容忽视的安全需求，然而传感器网络有限的资源给安全的实现提出了巨大的挑战。

数字水印技术能够以较小的开销实现认证和版权保护，尤其适合资源高度受限的网络环境。尽管本书已经提出了能解决传感器网络安全问题的多种水印方案，但这些方案还有值得改进的地方，水印在无线传感器网络安全中的应用也有必要进行更广泛、更深入的研究。

现提出一些值得在未来进一步研究的方向。

1）本书提出的验证个体的水印认证方案比起基于分组的方案已经降低了虚警率，但两个方案的分散策略都只能在有限的处理窗口中进行。若希望进一步降低虚警率，只有在更大的范围内进行认证信息的分散，但这又必然导致传感器结点的开销增大。因此，在维持低开销和低延迟的前提下，进一步的提高数据个体认证的性能是值得进一步研究的问题。

2）本书提出的可逆的无线传感器网络水印认证方案能够在实现认证的同时恢复原始数据，但性能仍十分有限，一旦攻击加剧，实际能够恢复的数据量也会大大下降。因此，在保证水印方案可逆的同时进一步提高水印的性能也是值得进一步研究的问题。

3）本书提出的稳健水印方案通过 1bit 水印实现版权保护，尽管可行但水印容量不够高。因此，在维持方案稳健性的同时，进一步提高水印的容量也是应该考虑的问题。方案基于统计的方法检测，进一步提高水印的统计性能也是可以改进的方向。

4）研究适应数据融合的无线传感器网络水印方案。无线传感器网络中的数据具备一定的冗余性，数据融合则是无线传感器网络为了提高信息采集的效率，降低能量和带宽消耗的一种方法。现有的水印方案无论是脆弱水印还是稳健水印，都不能通过数据融合。若能使嵌入的水印在经过数据融合之后仍然生效，将大大提高基于水印的安全技术的实用价值。

6.2　展　　望

在多媒体信息领域得到广泛研究与应用的数字水印技术通常计算相对简单，且不增加额外的传输信息，是解决无线传感器网络安全问题的较好方法。本书结合研究相对成熟的数字图像领域的水印技术，提出了几种实现认证的脆弱水印方案和实现版权保护的稳健水印方案，但这不是此类轻量级的安全解决方案的全部应用场景。

事实上，在物联网技术广泛应用的今天，无线传感器网络不是唯一的主流物联网应用的数据传输方式。很多应用也许并非基于无线传感器网络来传输数据，如通过某种短距离无线传输技术直接由采集设备传输到网关。但与物联网相关的数据传输与传感器网路的环境极为相似，采集设备大部分资源有限，无法进行复杂的运算；水印的嵌入端比提取端往往资源更为有限。因此，此类基于水印的安全认证和版权保护的方法能较为容易地由无线传感器网络推广到更多的物联网应用的数据采集传输场景。

此外，本书在抽象统一的数据模型上研究基于水印的认证与版权保护技术，自然地克服了传感器网络硬件多样、运行协议不同的困难。因此，只要数据传输可以抽象为从采集结点到汇聚结点的数值型数据流，本书提出的方案就能在应用层实现数据的认证与版权保护。

物联网广泛的数据采集是大数据重要的数据来源，而从大数据的角度，本书提出的基于水印的认证与版权保护方案也是有意义的。以认证为例，只要嵌入了水印，这些数据就可以在任何环节被认证，而不仅是数据的接收端。因此，在大数据的使用过程中，认证的过程可以被相关实体在必要的时候重复进行。而大数据的版权保护在很大程度上也依赖于数据产生时的水印嵌入，因为海量数据如果不在其数据产生的时候进行版权保护的相关操作，那么在数据存储后也很难对其重复进行任何处理。

显然，水印技术并不会对大数据的相关应用带来影响。首先，即使是有损水印，对原始数据的修改也是极小的；其次，数据分析往往并不依赖原始数据的细节，而是根据大量数据的关联分析有价值的信息。本书在研究过程中寻找传感器网络中的安全需求与图像水印技术的结合点，提出了大量基于图像水印技术核心思想的无线传感器网络数据认证与版权保护的方案，建立了图像中的水印与无线传感器网络数据流中的水印之间的桥梁。而这种桥梁同样适用于大数据领域的研究，单个数据项的值可以视为图像的一个像素点，而大数据不关注某个具体的数值就类似于数字图像所提供的信息不依赖于某一个具体的像素点。

总之，本书认为尽管多媒体领域的水印技术已经有了较多研究，但水印技术的各种特性使其在物联网和大数据领域的安全应用充满较多的可能性，值得后续深入研究。

参 考 文 献

[1] 孙利民，李建中，陈渝，等. 无线传感器网络[M]. 北京：清华大学出版社，2005.

[2] AKYILDIZ I, SU W, SANKARASUBRAMANIAM Y, et al. Wireless sensor networks: a survey[J]. Computer networks, 2002, 38(4): 393-422.

[3] AKYILDIZ I, SU W, SANKARASUBRAMANIAM Y, et al. A survey on sensor networks[J]. IEEE communications magazine, 2002, 40(8): 102-114.

[4] 任丰原，黄海宁，林闯. 无线传感器网络[J]. 软件学报，2003，14（7）：1282-1291.

[5] 马祖长，孙怡宁，梅涛. 无线传感器网络综述[J]. 通信学报，2004，25（4）：114-124.

[6] 崔莉，鞠海玲，苗勇，李天璞，等. 无线传感器网络研究进展[J]. 计算机研究与发展，2005，42（1）：163-174.

[7] ESTRIN D. Tutorial: wireless sensor networks [R]. Atlanta: ACM Mobicom 2002, 2002.

[8] 彭伟，卢锡城. 无线传感器网络及其典型应用[J]. 计算机世界，2004, 40：4-5.

[9] DJENOURI D, KHELLADI L, BADACHE N. A survey of security issues in mobile ad hoc and sensor networks[J]. IEEE communications surveys and tutorials, 2005, 7(4): 2-28.

[10] WANG Y, ATTEBURY G, RAMAMURTHY B. A survey of security issues in wireless sensor networks[J]. IEEE communications surveys and tutorials, 2006, 8(2): 2-23.

[11] PERRIG A, STANKOVIC J, WAGNER D. Security in wireless sensor networks[J]. Communications ACM, special issue, wireless sensor networks, 2004, 47(6): 53-57.

[12] CHEN X Q, MAKKI K, YEN K, et al. Sensor network security: a survey[J]. IEEE communications surveys and tutorials, 2009, 11(2): 52-73.

[13] 杨伟丰，汤德佑，孙星明. 传感器网络安全研究[J]. 计算机应用研究, 2005, 22（6）：5-8.

[14] 郎为民，杨宗凯，吴世忠，等. 无线传感器网络安全研究[J]. 计算机科学，2005，32（5）：54-58.

[15] CARMAN D W, KRUUS P S, MATT B J. Constraints and approaches for distributed sensor network security[R]. NAI Labs technical report, 2000.

[16] WOOD A D, STANKOVIC J A. Denial of service in sensor networks[J]. IEEE computer, 2002, 35(10): 54-62.

[17] KARLOF C, WAGNER D. Secure routing in wireless sensor networks: attacks and countermeasures[J]. IEEE international workshop on sensor network, 2003, 1(2-3):113-127.

[18] CAMTEPE S A, YENER B. Key distribution mechanisms for wireless sensor networks: a survey[R]. Troy: Rensselaer Polytechnic Instiute, 2005.

[19] 李雄伟，杨一先，周希元. 无线传感器网络路由协议安全性研究[J]. 北京邮电大学大学学报，2005，28（Z1）：121-126.

[20] GANESAN P, VENUGOPALAN R, PEDDABACHAGARI P, et al. Analyzing and modeling encryption overhead for sensor network nodes[C]//Proceedings of 2nd ACM international conference on wireless sensor networks applications, 2003.

[21] LAW Y W, DOUMEN J, HARTEL P. Survey and benchmark of block ciphers for wireless sensor networks[J]. ACM transactions on sensor networks, 2006, 2(1): 65-93.

[22] GAUBATZ G, KAPS J P, OZTURK E, et al. State of the art in public-key cryptography for wireless sensor networks[C]//Proceedings of the Third IEEE international conference on pervasive computing and communications

workshops, 2005.

[23] GUO H P, LI Y J , Jajodia S. Chaining watermarks for detecting malicious modifications[J]. Information sciences, 2007, 177(1): 281-298.

[24] ZHANG W, LIU Y H, DAS K. et al. Secure data aggregation in wireless sensor networks: a watermark based authentication supportive approach[J]. Pervasive and mobile computing, 2008, 4(5): 658-680.

[25] CHEN S Q, CHEN S P, WANG X Y, et al. An application-level data transparent authentication scheme without communication overhead[J]. IEEE transactions on computer, 2010, 59(7): 943-954.

[26] SCHNEIDER B. 应用密码学（协议、算法与 C 源程序）[M]. 北京：机械工业出版社，2000.

[27] STALLINGS W. 密码编码学与网络安全：原理与实践[M]. 北京：电子工业出版社，2012.

[28] SHIREY R. Internet security glossary: RFC 2828[S]. Internet society conference, 1999.

[29] National Institute of Standards and Technotogy. Data encryption standard (DES): FIPS PUB 46[S]. Federal Information Processing Standards Publication, 1993.

[30] RIVEST R L, SHAMIR A, ADELMAN L M. A method for obtaining digital signatures and public-key cryptosystems[J]. Communications of ACM, 1978, 21(2): 120-126.

[31] MENEZES A J, VAN OORSCHOT P C, VANSTONE S A. Handbook of applied cryptography[M]. Boca Raton: CRC Press, 1996.

[32] COX I, MILLER M, BLOOM J, et al. Digital watermarking and steganography[M]. 2nd ed. San Francisco: Morgan Kaufmann Publishers, 2007.

[33] 许文丽，王命宇，马君. 数字水印技术及应用[M]. 北京：电子工业出版社，2013.

[34] 王俊杰. 数字水印与信息安全技术研究[M]. 北京：知识产权出版社，2014.

[35] MOULIN P, MIHCAK M K. A framework for evaluating the data-hiding capacity of image sources[J]. IEEE transactions on image processing, 2002, 11(9): 1029-1042.

[36] BRASSIL J, LOW S H , MAXEMCHUK N F, et al. Electronic marking and identification techniques to discourage document copying[C]//IEEE INFOCOM'94, networking for global communications, 1994.

[37] MAXEMCHUK N F, LOW S H. Performance comparison of two text marking methods[J]. IEEE journal on selected areas in communications, 1998, 16(4): 561-572.

[38] MOULIN P, O'SULLIVAN J A. Information-theoretic analysis of information hiding[J]. IEEE transactions on information theory, 2003, 49(3): 563-593.

[39] CHALLAL Y, BETTAHAR H, BOUABDALLAH A. A taxonomy of multicast data origin authentication: issues and solutions[J]. IEEE communications surveys and tutorials, 2004, 6(3): 34-57.

[40] DESMEDT Y, FRANKEL Y, YUNG M. Multi-receiver/multisender network security: efficient authenticated multicast/feedback[C]//Proceedings of the eleventh annual joint conference of the IEEE computer and communications societies on one world through communications, 1992.

[41] LAMPORT L. Password authentication with insecure communication[J]. Communications of the ACM, 1981, 24(11): 770-772.

[42] HALLER N M. The s/key one-time password system[C]//Network and distributed system security symposium,1994.

[43] PERRIG A, CANETTI R, TYGAR J D, et al. The TESLA broadcast authentication protocol[J]. RSA cryptobytes, 2002, 20(2): 2-13.

[44] PERRIG A. The biba one-time signature and broadcast authentication protocol[C]//Proceedings of the 8th ACM

conference on computer and communications security, 2001.

[45] GENNARO R, ROHATGI P. How to sign digital streams[J]. Information and computation, 2001, 165(1): 100-116.

[46] GENNARO R, ROHATGI P. How to sign digital streams[C]//CRYPTO'97, 1997: 180-197.

[47] PERRIG A, TYGARJ D, SONG S. Efficient authentication and signing of multicast streams over lossy channels[C]//Proceedings of IEEE symposium on security and privacy, 2000.

[48] MINER S, STADDON J. Graph-based authentication of digital streams[C]//Proceedings of IEEE symposium on security and privacy, 2001, 76(3): 232-246.

[49] WONG C K, LAM S S. Digital signatures for flows and multicasts[C]//International conference on network protocols, 1998, 7(4): 198-209.

[50] WONG C K, LAM S S. Digital signatures for flows and multicasts[J]. IEEE/ACM transactions on networking. 1999, 7(4): 502-513.

[51] PERRIG A, SZEWCZYK R, TYGAR J D. SPINS: security protocols for sensor networks[J]. Wireless networks, 2002, 8(5): 521-534.

[52] KARLOF C, SASTRY N, WAGNER D. TinySec: a link layer security architecture for wireless sensor networks[C]//Proceedings of the 2nd international conference on embedded networked sensor systems, 2004.

[53] ZHU S, SETIA S, JAJODIA S. LEAP: efficient security mechanisms for large-scale distributed sensor networks[C]//Proceedings of the 10th ACM conference on computer and communications security, 2003.

[54] FANG J, POTKONJAK M. Real-time watermarking techniques for sensor networks[C]//Proceedings of the SPIE security and watermarking of multimedia contents, 2003.

[55] KAMEL I, GUMA H. Simplified watermarking scheme for sensor networks[J]. International journal of internet protocol technology , 2010, 5(1-2): 101-111.

[56] KAMEL I, GUMA H. A lightweight data integrity scheme for sensor networks[J].Sensors, 2011, 11(4): 4118-4136.

[57] 曹远福，孙星明，王保卫，等. 基于关联数字水印的无线传感器网络数据完整性保护[J]. 计算机研究与发展，2009，46（S1）：71-77.

[58] SION R, ATALLAH M, PRABHAKAR S. Protecting rights over relational data using watermarking[J]. IEEE transactions on knowledge and data engineering, 2004, 16(12): 1509-1525.

[59] ZHANG X, WANG S. Statistical fragile watermarking capable of locating individual tampered pixels[J]. IEEE signal processing letters, 2007, 14(10): 727-730.

[60] ZHANG X, WANG S. Fragile Watermarking with error-free restoration capability[J].IEEE transactions on multimedia, 2008, 10(8):1490-1499.

[61] TIAN J. Reversible data embedding using a difference expansion[J]. IEEE transactions on circuits and systems for video technology, 2003, 13(8): 890-896.

[62] ZHANG X, WANG S. Fragile watermarking scheme using a hierarchical mechanism[J]. Signal processing, 2009, 89(4): 675-679.

[63] ZHANG X, WANG S. Reference sharing mechanism for watermark self-embedding[J]. IEEE transactions on image processing, 2011, 20(2): 485-494.

[64] Madden S. Intel lab data[EB/OL]. (2004-04-05)[2018-03-12]. http://db.lcs.mit.edu/labdata/labdata.html, 2004.

[65] BARTON J M. Method and apparatus for embedding authentication information within digital data: U. S. Patent 5.646.997[P].1997-07-08.

[66] FRIDRICH J, GOLJAN M, DU R. Lossless data embedding: new paradigm in digital watermarking[J]. EURASIP journal on applied signal processing, 2002(2): 185-196.

[67] LUO H, YU F X, CHEN H, et al. Reversible data hiding based on block median preservation[J]. Information sciences, 2011, 181(2): 308-328.

[68] YANG W J, CHUNG K L, LIAO H Y M. Efficient reversible data hiding for color filter array images[J]. Information sciences, 2012, 190(2): 208-226.

[69] LUO L, CHEN Z, CHEN M, et al. Reversible image watermarking using interpolation technique[J]. IEEE transactions on information forensics and security, 2010, 5(1): 187-193.

[70] CELIK M U, SHARMA G, TEKALP A M. Lossless watermarking for image authentication: a new framework and an implementation[J]. IEEE transactions on image processing, 2006, 15(4): 1042-1049.

[71] SACHNEV V, KIM H J, NAM J, et al. Reversible watermarking algorithm using sorting and prediction[J]. IEEE transactions on circuits and systems for video technology, 2003, 5(1): 97-105.

[72] LEE S, YOO, T KALKER C D. Reversible image watermarking based on integer-to-integer wavelet transform[J]. IEEE transactions on information forensics and security, 2007, 2(3): 321-330.

[73] THODI D M, RODRIGUEZ J J. Reversible watermarking by prediction-error expansion[C]//Proceedings of the 2004 southwest symposium on image analysis and interpretation, 2004.

[74] THODI D M, RODRIGUEZ J J. Expansion embedding techniques for reversible watermarking[C]//IEEE transaction on image processing, 2007, 16 (3):721-730.

[75] BENDER W, GRUHL D, MORIMOTO N, et al. Techniques for data hiding[J]. IBM systems journal, 1996, 35(3-4): 313-336.

[76] DE VLEESCHOUWER C, DELAIGLE J F, MACQ B. Circular interpretation of bijective transformations in lossless watermarking for media asset management[J]. IEEE transactions on circuits and systems for video technology, 2003, 5(1): 97-105.

[77] NI Z C, SHI Y, ANSARI N, et al. Reversible data hiding[J]. IEEE transactions on circuits and systems for video technology, 2006, 16(3): 354-362.

[78] NI Z C, SHI Y, ANSARI N, et al. Robust lossless image data hiding designed for semi-fragile image authentication[J]. IEEE transactions on circuits and systems for video technology, 2008, 18(4): 497-509.

[79] ZOU D, SHI Y Q, NI Z C, et al. A semi-fragile lossless digital watermarking scheme based on integer wavelet transform[J]. IEEE transactions on circuits and systems for video technology, 2006, 16(10): 1294-1300.

[80] ZENG X T, PING L D, PAN X Z. A lossless robust data hiding scheme[J]. Pattern recognition, 2010, 43(4): 1656-1667.

[81] AN L, GAO X, YUAN Y, et al. Robust lossless data hiding using clustering and statistical quantity histogram[J]. Neurocomputing, 2012, 77(1): 1-11.

[82] THABIT R, KHOO B E. A new robust lossless data hiding scheme and its application to color medical images[J]. Digital signal processing, 2015, 38(3): 77-94.